国家自然科学基金项目（项目编号：71703126）及西南财经大学
中国西部经济研究中心“一流学科建设计划”项目经费资助

市场化进程中青藏高原草场使用和管理的制度变迁

贡布泽仁 著

西南财经大学出版社
Southwestern University of Finance & Economics Press
中国·成都

图书在版编目(CIP)数据

市场化进程中青藏高原草场使用和管理的制度变迁/贡布泽仁著 .—成都:
西南财经大学出版社,2019. 9
ISBN 978-7-5504-4131-6

Ⅰ. ①市… Ⅱ. ①贡… Ⅲ. ①青藏高原—草原管理—研究 Ⅳ. ①S812. 5

中国版本图书馆 CIP 数据核字(2019)第 195825 号

市场化进程中青藏高原草场使用和管理的制度变迁
Shichanghua Jincheng zhong Qingzang Gaoyuan Caochang Shiyong he Guanli de Zhidu Bianqian
贡布泽仁 著

策划编辑:何春梅
责任编辑:李思嘉
封面设计:何东琳设计工作室
责任印制:朱曼丽

出版发行	西南财经大学出版社(四川省成都市光华村街 55 号)
网　　址	http://www.bookcj.com
电子邮件	bookcj@foxmail.com
邮政编码	610074
电　　话	028-87353785
照　　排	四川胜翔数码印务设计有限公司
印　　刷	四川五洲彩印有限责任公司
成品尺寸	170mm×240mm
印　　张	11. 5
字　　数	209 千字
版　　次	2019 年 9 月第 1 版
印　　次	2019 年 9 月第 1 次印刷
书　　号	ISBN 978-7-5504-4131-6
定　　价	78. 00 元

序

照搬农区土地承包到户的产权模式，牧区在20世纪90年代初开始陆续推行草场承包到户的政策。根据原农业部草原监理中心的年度报告，截至2016年年底，全国累计落实草原承包到户2.32亿公顷，大约占全国草原面积的59%，其中内蒙古牧区比例较高，藏区和新疆牧区比例则较低。据我们研究组近年来的案例调查，实际上存在很多“纸上承包”的情况，即在法律上已经承包到户，但实际上还保持传统的社区共同使用。这种情况尤其在藏区和新疆牧区较为普遍，受高山草场的地形地貌条件限制，牲畜需要在不同季节沿着不同海拔高度利用草场，这也决定了藏区牧区和新疆牧区的草场很难在现实中分户使用。

实践中，经过近20年的草场承包到户使用政策的推进，草场破碎化使用带来了一系列问题，主要体现在牲畜不能大范围移动所带来的生产和生态风险，包括畜牧业生产成本提高、应对自然灾害的能力降低、牲畜在较小范围内反复踩踏造成的分布式过度放牧等生态问题。面对上述问题，同时伴随着城镇化以及畜牧业逐渐从生计型转向商业型，无论是学界还是政府部门，都意识到草场重新整合使用的重要性和必要性。在人口激增的今天，对于草场一直保持社区共有的牧区，如果缺乏有效的监督管理机制，同样会面临资源过度利用的危机，现实中“公地悲剧”问题并非不存在。

在此背景下，草场使用权的流转作为资源重新配置的重要途径，开始得到政策的鼓励。其背后的政策逻辑是，通过草场流转整合资源，能够获得经济上的规模效应，同时解决草场破碎化利用带来的生态问题。

经营权流转是基于明晰私有产权、遵循市场逻辑的必然结果。根据经典产权学派的逻辑，私有化是解决自然资源“公地悲剧”问题的有效途径之一，只要产权界定清晰，一切物品都进入市场，且交易成本足够低，自然资源配置的帕累托最优就将自然达成。根据该理论，通过流转应该可以达到草场面积重新整合和使牲畜在更大范围内恢复活动的目标，从而规避草场承包到户不能移动所带来的生产、生态风险。然而根据我们研究组已有的研究结果，由于牧区极度变异的气候环境特征导致的较高的交易成本以及短期租赁行为对草原造成的不利影响，草场流转难以达到上述目标。

在生产效率方面，通过流转虽然能在某种程度上改善承包所导致的草场破碎化使用的局限性，在有限的空间内增加牲畜活动，但是依然无法从根本上提高牧民需要通过大幅度空间转场应对干旱、高寒地区气候不确定性风险的能力。即便是牲畜大户，虽然通过租入草场可以使得牲畜有更广阔的活动空间，但是由于租入草场带来生产成本的增加，自然灾害带来的不确定性风险反而被进一步放大。而在生态方面，由于短期流转行为带来的过度放牧激励以及监督的缺失，放牧压力向流转草场转移，在流转草场上发生严重过度放牧的行为。在降水量变化剧烈且具有高度不确定性的干旱牧区，短期的租赁行为实乃租出、租入双方面对气候不确定性的共同选择。因为草场植被与降水的多少存在相关性，而且双方都无法预测未来一年内降水的多少，所以可能出现的局面是：租出方认为如果来年降水量增加，那么以今年的价格出租的草场可能会变成优质的草场，这无疑是不合算的；同样，租入方担心明年的降水可能会减少，这样以今年的价格租入的草场有可能变成劣质的草场，这肯定不是最佳选择。因此，在租期超出一年的牧区草场并不多，除非个别牧户因有其他生计来源或家里人全部进城，几乎不再继续从事畜牧业，因此选择将草场长期出租。

可见，草场经营权流转可能难以如预期的那样带来畜牧业规模化经济效应，而环境气候的不确定性造成的较高的交易成本，使得牧区的草场流转带来的畜牧业生产效率的提高并不明显，同时可能带来更严重的生态问题。

对于已经承包到户的草场，草场经营权的流转不仅可能产生如上所述的生产、生态方面的问题，还将面临一个逻辑悖论。草场流转的目标之一是整合承包到户导致的草场破碎化，然而牧户经营权流转的前提却是将使用权明确承包到户，而这是造成草场破碎化使用的制度原因。遵循“明晰个人产权→草场破碎化使用→通过流转重新整合”的思路，政府出台了一系列政策，比如按照承包草场面积通过一卡通直接给牧户发放草场补贴、明确边界的围栏建设专项资金等。目前正在藏区和新疆牧区这些实际上仍然保持草场共用情况的大多数牧区实施，这样的政策在实质上进一步对草场向破碎化方向发展产生了新的政策激励。既然流转的政策目标之一是草场整合，对于那些依然共同使用的草场，是否存在不需要先将草场分割到户再通过流转来整合的制度路径？

从 2012 年开始，我们研究组在四川和青海的藏区调研发现，一些社区在保留传统的共同使用草场的习俗制度的基础上，出现了新的并保障成员个体权益的机制。在牧区，随着外部市场的形成，很多牧民提出了共用草场导致资源分配的不公平性问题，要求牧户个体拥有明晰的草场权属，然而同时又不想失去传统的社区共用草场下牲畜能够在较大空间移动的好处。因此，一些牧业村庄出现了基于社区的放牧配额管理。放牧配额管理是在维持草场社区共用的基础上，社区组织根据草场总的牲畜承载力，给予各户放牧配额，由社区自我监督放牧配额的分配和执行。牧户之间进行放牧配额的直接交易或者通过贷畜的手段等协调放牧配额。

草场流转和放牧配额管理对牧区社会生态系统带来的不同影响是什么？在草场管理中，草场流转和放牧配额管理的本质区别是什么？本书试图从市场机制和社区习俗制度的关系出发，对其进行解读。本书是作者贡布泽仁在北京大学撰写博士论文期间的研究成果。

为了获得可信的、具有代表性的第一手资料，贡布泽仁连续4年赴位于青藏高原的四川省若尔盖县、青海省贵南县等地牧区开展实地调研工作。本书的研究内容不仅具有重要的理论意义，而且具有很强的政策参考价值，体现在以下三个方面：

第一，理论层面，与传统产权理论的关注对象——草场资源的“初始权”不同，本书提出的放牧配额管理的关注对象是草场资源的“效用获取”，放牧配额概念的提出及应用直指资源的效用本质，认为草场产权模式的关键不在于使用权的共有还是私有，而在于如何协调人、草、畜的关系，以达到有效发挥草场资源的生产效用和生态功能的目的。

第二，研究方法层面，本书采用制度嵌套性视角来探讨市场机制与社区习俗制度在草场管理中的关系及其作用，清晰地解读了草场实际管理中市场和习俗不同关系所导致的对于社会生态系统的不同影响。虽然嵌套性理论是经济社会学解读经济行为的重要视角，但该理论很少被运用到自然资源管理中来分析资源利用的行为。

第三，草场管理政策层面，我国草场管理政策一直试图推进并完善草场承包到户的政策，而本书案例研究的政策启示是，草场使用权不论承包到户还是社区共用，都可以作为放牧配额管理的基础。因此草场管理政策停留在是否需要承包到户的争议或许是没有意义的，关键在于是否能够建立有效的资源效用获取机制。

贡布泽仁是我接受并指导的第一个来自牧区的博士研究生。我的研究组长期以来在草原地区从事草场资源管理和牧区可持续发展的研究，接触了大量的牧民群体，发现在面临市场化的冲击、政府各项政策的进入以及全球化带来的文化影响时，这一群体或主动、或被动、或欣喜、或无奈地做出他们的应对。一个很深的感受是，面对上述冲击和影响，这些拥有悠久文明历史的游牧民族后代仍然保有丰富的地方知识，并通过他们自身的文化传承智慧地将这些知识转化为应对的策略。而如何将传统习俗管理制度与现代知识相结合，显然本土学者更具有研究优势。然而由于牧区的基础教育较弱，这些牧区的孩子很难接受比较好的高等教育以及严格的学术训练。为牧区培养优秀的人才，无疑将有助于我国草原管理研究的深入。于我个人而言，则是对近20年来在我的学术生涯中牧民朋友们所给予的无私帮助的回馈，这些帮助不仅体现在学术研究上，更有精神层面的给养。

贡布泽仁没有让我失望，在北京大学攻读博士学位期间，他勤奋努力、踏实认真，在严格的学术训练下，他的学术研究能力得到了突飞猛进的提高。他在科研工作中体现出了对现实环境问题的兴趣以及强烈的好奇心，同时，具有超乎寻常的、敏锐的问题识别意识。这些品质和特点，对于年轻学者来说的确难能可贵。贡布泽仁取得的成绩极大地提高了我培养牧区学生的信心，于是在他之后我组里陆续又来了一名哈萨克族学生和一名蒙古族学生。

贡布泽仁在北京大学取得博士学位后就职于西南财经大学，继续从事草场管理和牧区发展的研究，并取得了显著的成绩，在很短的时间内得到破格晋升。作为他曾经的导师，我为他高兴，并以他为骄傲。我相信贡布泽仁会很快成长为一名在草场管理和牧区发展研究领域杰出的学者。

李文军

2019年6月17日于燕园

前言

近30年来，由于我国草场退化趋势的加剧，中央及地方政府不断增加对草场生态治理的投入，但是从政策实施的效果来看，草场生态状况仍然呈现出“局部好转，整体退化”的态势。同时，牧民生计与牧区社会发展也面临着诸多困境。对此，部分学者和决策人员认为传统、落后的畜牧业生产模式和社区共有的草场管理方法是导致我国牧区生态退化和贫困问题的主要原因之一。基于市场机制的草场管理逐步成为我国牧区遏制草场退化和解决牧区贫困问题的重要政策手段，基于市场机制的草场管理模式主要表现为：在明确牧户个体草场产权的基础上推动草场经营权流转，以市场机制来协调草场资源利用、管理和分配。同时加快与外界市场的接轨，引入诸如饲草料、小额贷款、保险、技术等资源来促进规模化的畜牧业生产，从而形成生态保护与牧区脱贫的“双赢”局面。

市场机制在我国牧区的草场资源整合和促进畜牧业发展过程中所起到的作用受到了广泛的关注，但同时也引发了一系列的问题，例如，没有改善牧民的生计问题和畜牧业生产状况。如今，草场管理制度的相关研究陷入了草场资源管理应该主要依靠市场机制还是社区习俗制度来配置的困境。这些研究强调单一管理模式的重要原因与草场产权的二元化观点有关，即草场应该私有还是共有。关注习俗制度的研究认为社区组织是习俗制度的基础，执行草场（使用权）私有化削弱了社区组织在草场管理中的作用，而共有产权能促进社区组织作用的发挥。与此相比，牧区的市场机制是草场承包之后逐渐形成的，并且决策者和有些学者认为明确牧户草场产权是市场机制发挥的前提条件。上述两种观点背后的逻辑均是在强调单一的社区习俗制度或者市场机制如何配置草场的问题。然而在现实中，牧区与外界市场的接轨增加了草场资源在牧民生活中的效用和功能的多样化。但是以往研究对草场资源本身如何配置这一问题的过度关注，导致其忽略了社区如何配置草场资源所提供的不同服务和效用以及在对这些服务和效用进行配置的过程中，市场机制与习俗制度之间是否存在互补的关系。

如今，我国牧区的草场管理不仅需要考虑草场生态系统服务功能，还需要关注牧区人口增长和市场需求增加带来的额外压力。传统的社区习俗制度无法避免市场化发展带来的影响，需要面对社区不断演化的事实。同样地，牧区的习俗、信仰和社区组织等社会文化以及草场生态系统的异质性特征是市场机制在草场管理中必须面对的现实。因此，本书以青藏高原草场管理政策为例深入研究了实际草场管理中的制度演化的机制，探讨了外界资源和社区内部的社会文化特征的结合问题，这样或许能为我国草场管理提供新的思路和视角。

基于青藏高原草场管理制度的案例研究，本书试图回答的现实问题是：草场流转和放牧配额管理对牧区社会生态系统带来的不同影响是什么？为了解读其背后的激励机制以及两者的区别，本书提出了相对应的学术问题：草场流转和放牧配额管理背后的治理结构中，市场机制和社区习俗制度的关系及其作用是什么？在草场管理中，草场流转和放牧配额管理的本质区别是什么？

草场管理中的市场机制和习俗制度的作用不只在中国，在全球草场管理中也一直是受到关注的研究话题。首先，本书对草场管理中的市场机制与社区习俗制度特征、作用等方面进行综述，并提出两个管理制度的不足之处。本书拟回答的研究问题是，在草场管理的制度变迁中市场机制与习俗制度的关系以及放牧配额管理与草场流转的本质区别。为了详细地探讨本书提出的研究问题，基于制度变迁的理论综述，本书建立了制度嵌套性视角和环境效用获取分析框架。其次，本书选取了位于高寒草甸草原和高寒荒漠草原的两个案例研究点，在每个案例研究点筛选了两个可对比的案例村，深入分析放牧配额管理和草场流转对畜牧业生产、牧民生计、草场生态、牧民信贷行为及牧民旅游业参与的影响。本书的分析结果显示，无论是在高寒荒漠草原还是高寒草甸草原，与草场流转比较，放牧配额管理对草场管理更有效。最后，本书深入探讨了放牧配额管理和草场流转背后的机制，并提出了适合我国牧区社会生态系统特征的草场管理政策建议。本书具有以下几个方面的创新之处：

关于草场应该由牧户个体使用还是社区共同使用，一直是国内外学界争议的焦点，并影响着我国市场化的草场管理政策的实施。然而，本书的分析结果显示，在草场管理的产权配置中，应该把草场资源的初始权（包括草场共有或私有）与其提供的效用和服务功能分开，通过市场机制嵌套在社区习俗制度的管理手段来配置草场资源所带来的效用和服务功能。基于青藏高原牧区的草场管理特征，本书提出草场效用获取的产权理论，为我国草场产权理论提供了新的认识。

习俗制度和市场机制不仅在中国，而且在全球的自然资源管理（包括草场资源管理）中也是两个重要的管理手段。很多国家的草场管理政策把两者作为两个不同的管理措施在执行。与草场产权私有化和共有的争议相对应，学界多数进行草场管理机制的研究时也仅关注市场或者习俗制度一个方面的作用。但从本人以往的研究可以看出，市场机制和习俗制度是草场管理的两个不可分割的手段，两者各有一定的作用和不足。随着市场化的进程，牧区的社会生态系统面临着前所未有的变化，草场管理的制度变迁需要适应牧区的社会和生态的变化特征。本书的研究结果显示，当市场机制嵌套在牧区习俗制度中的时候，这样的草场管理模式更有效。因为，这样的管理模式在满足牧户个体对于权属明晰和补偿需求的同时，实现了草场资源的公平分配，促进了牧户的畜牧业生产，增加了其资产，也维持了草场资源的可持续利用。

贡布泽仁

2019 年 6 月

目　录

1 绪论

1.1 研究背景和研究综述

1.1.1 研究背景

我国草原面积近 4 亿公顷，约占国土面积的 41.7%，其中位于我国北部和西北部的干旱地区和高寒地区是我国主要的草原牧区。青藏高原高寒草原地区占全国草原总面积的 38%（农业部，2016），其中包含了西藏、青海全省及四川、甘肃和云南的部分地区，海拔均在 3 000 米以上，气候寒冷、无霜期短，是以高寒草原和高寒草甸为主的草原类型地区。依据水热大气带特征、植被特征和放牧历史的特征，青藏高原的天然草原可划分为高寒草甸草原类、高寒山地草甸类和高寒荒漠类。此区域是长江、黄河、雅鲁藏布江等大江、大河的发源地，是我国水源涵养、水土保持的核心区，享有“中华水塔”之称，也是我国生物多样性最丰富的地区之一（农业部，2016）。

受特殊的自然地理环境条件的影响，该区域长期以来主要通过放牧的形式来使用草场资源。以放牧为主的天然畜牧业是牧民主要的生计收入来源。放牧在青藏高原上有着几千年的历史（Miehe，2009）。在历史上，牧民以部落的形式，在草原上根据自然条件的变化进行畜牧业生产，利用草场资源、躲避自然灾害，并在这一过程中积累了丰富的本土知识，形成了相应的习俗制度。基于社区的组织结构，牧民形成了传统的社区互惠关系，并通过集体利用和管理的方式保持着季节性游牧的传统（Goldstein & Beal，1989；Sheehy et al.，2006）。

20 世纪 80 年代中期，随着我国开始市场经济体制改革，牧区传统的草场管理方式和社区习俗制度受到了质疑。普遍的观点认为，牧户私有的牲畜在社区共用草场上放牧会形成“开放进入”的资源管理方式和草场生态保护的低投入现象，从而导致牧民过度利用草场的问题。在这个过程中，“过牧”则被认为是导致草场退化的主要原因。因此，我国牧区开始执行草场承包到户的政策。从20世纪90年代初开始，全国西部地区的6大牧区[1]全面实施草场承包到户制度。“十二五”规划末期，全国累计承包草原面积为2.32公顷，大约占全国草原面积的59%（农业部，2017）。草场承包责任制起源于农区的家庭生产责任制，其背后的思路是统一草场相关的权、责、利，通过产权明晰承包到牧户来控制牲畜数量，使其达到与草场承载率平衡的状态，并恢复和控制草场退化的现象，同时可以通过刺激牧民的生产积极性来提高生产效率（Li et al.，2007；曹建军，2009；赖玉佩，2012）。通过草场使用权的私有化，牧户家庭成为利用和管理草场的基本单元，牧户的草场之间建立起围栏，清晰界定草场边界，明晰草场的使用权。

执行草场承包政策30多年后，越来越多的研究发现草场承包虽然保障了牧户个体的使用权，但是也对草场生态、畜牧业生产以及牧民生计带来了负面的影响，并且越来越多的学者认为草场承包到户政策打破了牧区原有的社区共用草场和季节性游牧等草场利用方式，从而弱化了牧民适应草场异质性特征的能力，是导致负面影响的主因（Gongbuzeren et al.，2015）。面对草场承包到户政策的不利影响，很多牧区开始采取自发性的应对措施，比如进行小规模、非正式的草场流转以及私下互借草场、牲畜代养、口头协议草场租赁等，尤其是在像内蒙古等地落实草场承包较早且范围较广的牧区，类似的草场流转现象更加频繁（姚洋，2009；李澜，2010；杨理，2010；赖玉佩、李文军，2012）。通过草场流转整合牧户个体的草场资源，试图恢复牲畜移动和获取草场资源应对草场承包制带来的负面影响。从2007年开始，尤其是2008年党的十七届三中全会《中共中央关于推进农村改革发展若干重大问题的决定》和《中共中央国务院关于促进农业发展农民增收若干意见》中提出完善农业土地流转的相关法律法规和政策，赋予健全土地承包经营权流转市场后，草场流转受到了地方政府的认可和重视，逐渐出台相关规定、条例甚至法律法规，如《青海省草场使用权流转办法》等，对草场流转进行规范。草场流转开始进入规范化、制度化、市场化的有序流转阶段（国务院，2008；青海省政府，2011）。2016年，《关于完善农村土地所有权承包权经营权分置办法的意见》中，我国将土地承包权分为承包权和经营权，实行所有权、承包权、经营权分置并行，稳定了农户承包权，放活了土地经营权，为引导土地经营权有序流转、发展农

---

① 我国西部地区的6大牧区包括内蒙古牧区、新疆牧区、西藏牧区、青海牧区、四川牧区和甘肃牧区。

业适度规模经营、推动现代农业发展奠定了制度基础。因此，青藏高原草场经营管理模式处于由传统的生计型向市场化的商业型过渡的阶段，推动基于市场机制的草场管理制度逐渐成为很多牧区管理草场的主要措施。基于市场机制的草场管理模式主要表现为，在完善草场产权明晰到牧户个体的基础上推动草场经营权流转，以市场机制来协调草场资源利用、管理和分配（国务院，2008；国务院，2016）。同时加强与外界市场的联系，引进外界的诸如饲草料、小额贷款、技术等资源来促进规模化的畜牧业生产（青海省人民政府，2011）。

草场承包经营权的流转简称草场流转，是指在草场承包期内，牧户可以把草场通过租赁、转让和转包的方式流转给第三方去从事畜牧业经营（国务院2016；青海省人民政府，2011）。草场流转背后的思路是，只要政府把草场承包给牧户，就能有效解决草场资源的“公地悲剧”。草场资源进入市场，通过市场机制来促进牧户个体之间的草场经营权交易，就可以实现草场资源配置的帕累托最优。根据这样的思路，政府认为通过草场流转可以重新配置和优化草场资源的利用，从而实现以下几个目标：①采取成本效益的激励机制来内化过牧所导致的草场退化问题，促进草畜平衡来保护草场生态；②通过市场机制重新配置和整合牧户个体的草场资源，解决“有草无畜和有畜无草”的矛盾，促进畜牧业的规模化生产，提高牧区牧户的生计收入；③草场经营权的流转有利于促进分工分业，增加流出草场经营权的牧户的财产收入，加快牧区劳动力的转移和牧区产业结构的转型，同时通过增加收入来源多样化的方式来改善牧户生计水平（国务院，2016）。随着市场经济的发展，很多研究和政府机构认为市场机制的草场流转是在进一步明晰和完善草场使用权的基础上，促进牧区发展和生态保护双赢的重要手段。

1.1.2 草场流转的影响研究综述

从2008年开始，很多牧区开始规范地采取草场流转，当地政府相应地提倡草场流转规范化的重要性。那么在实际草场管理中，草场流转是否达到预期的效果？本书所指的效果是指草场流转执行后对预期目标：①通过成本效益的激励实现草畜平衡；②优化草场资源分配来提高畜牧业生产和牧民生计的实现程度。本书从政府和学界两方视角对草场流转的效果进行梳理和总结，并在此基础上提出本书的研究问题。

政府方面，根据《中共中央国务院关于促进农业发展农民增收若干意见》（国务院，2008），完善和规范草场流转的一个重要目标是完善草场承包到户，牧户之间进行有偿交易，将草场资源整合到有能力从事畜牧业的牧户，扩大畜牧业规模化，同时鼓励更多的牧民转移生产方式和劳动力，寻找多样化的收入来源来提高牧民生计。随后，各大牧区所在地政府开始出台草场承包经营权流转办法，进一步规范和推广草场流转。2015 年内蒙古自治区政府常务会在《关于引导农村土地、草场经营权有序流转、发展农牧业适度经营的实施意见》中提出，引导牧区土地、草原经营权有序流转，促进农牧业适度规模经营，对于优化农村牧区土地、草原资源配置，提高农牧业劳动生产率，促进先进生产技术推广应用，保障粮食安全和农牧产品供给，实现农牧业增产增收都具有重要意义。但是由于牧区草场承包到户责任制仍不完善，同时已落实承包的牧区存在不规范的草场流转方式，其中存在口头协议、草场流转的价格低或者流转资金不到位等问题，导致草场流转未能实现预期的目标（内蒙古自治区政府，2015）。因此，在稳定所有权、承包权、经营权三权分置的基础上以及确保不改变草场用途的前提下，建议规范有序地推进草场流转。同样地，青海省 2011 年出台了《青海省草原承包经营权流转办法》，2011 年全省已进入草场流转的面积占全省草场面积的 18.8%，但因为草场流转仍然存在非正式、牧民自组织的口头协议以及草场承包到户制度不完善等问题，草场流转未能实现预期的目标（青海省政府，2011）。因此，青海省提出在县和乡级层面建立草场流转服务中心，负责草场流转的合同备案、定期监测和监督等工作来规范和推广草场流转，鼓励草场承包经营者向专业合作组织、养殖大户等经济组织流转草场承包经营权，发展适度规模的畜牧业经营。

根据以上的政府报告，草场流转是在以完善草场承包到户制度取代社区共用草场的基础上，凭借市场手段来整合牧户个体的草场资源，促进形成畜牧业的规模化市场经济体制。但因为没有规范性地执行草场流转，所以未能发挥出应有的作用来实现草场流转政策的预期目标。因此，持续完善草场承包到户制度、提倡基于市场机制的草场流转成了草场管理的重要途径。

学术研究方面，根据中国学术期刊网络出版总库（CNKI）搜索结果，在 2003—2018 年之间，国内总共有 72 篇学术文章讨论草场流转及其带来的影响（如图 1-1），尤其 2008 年以来国家开始规范草场流转行为后，关于草场流转的研究迅速增多。这些研究认为在草场承包到户的基础上，草场流转这一市场手段能够有效配置草场资源。具体表现在：①生态方面。有研究指出，市场机制通过产权明晰建立相应的市场激励机制，能够在使牧民根据自己的草场承载量来控制牲畜数量的同时，通过转移生产方式和劳动力减少对草场资源施加的压力（于立等，2009；张引弟等，2010；侯向阳等，2013）。此外，草场流转可以更好地配合禁牧、休牧和轮牧等国家项目来实现草场生态建设（张志民等，2007；张引弟等，2010）；②畜牧业发展方面。基于市场机制的草场管理能够将草场资源整合到有能力从事规模化养殖的牧户手里，有效解决“有草无畜和有畜无草”的冲突（张志民等，2007），并加大牧民对外界市场资源（包括草料、小额贷款等）的依赖，同时这种草场管理方式通过“以草定畜”的手段帮助牧民实现稳定、可预测的畜牧业生产（周旭英等，2007；郑红，2010；杨振海、张富，2011）。除此之外，也有少数研究从牧区社会生态系统的特征出发，认为草场承包后，草场流转在一定程度上恢复了牲畜移动，促进了部分牧户的畜牧业生产和生计水平的提高（Yeh & Gaerrang，2010）。但是由于草场流转的规范性不到位以及牧民之间的流转合同缺乏合法性和有效监督，因此存在租入的草场受到租场户的不合理利用的现象，导致过牧和草场退化的问题。另外，在很多牧区，尤其是青藏高原的牧区，实际落实草场承包到户的程度仍处于初步的阶段，因此难以执行草场流转；即便已经实施草场承包且采取了草场流转的牧区，流转过程仍主要通过亲戚关系协调，所以很多租出的牧户未能收到租金或者只收到相对较低的租金。基于此，这些学者通常会提出进一步加强和完善草场承包到户制度，以便能够在此基础上通过草场流转来配置草场资源的政策建议。

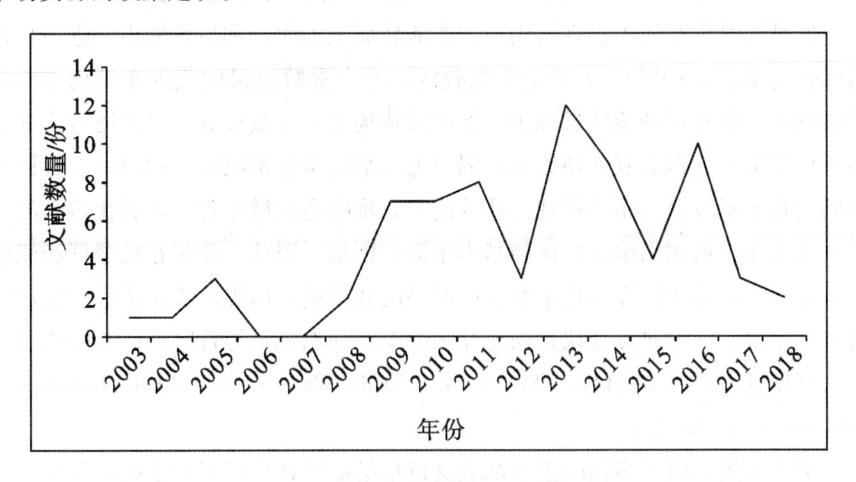

图 1-1　2003—2018 年与中国草场流转相关的文献数量

（资料来源：KNKI 文献库）

然而学术界也存在与上述研究不相同的观点，部分国内外的研究认为，从长期的政策效益来看，基于市场机制的草场管理模式并没有改善牧民生计和畜牧业生产状况。首先，草场流转的基础是完善草场承包到户制度，但这一前提与众多学者的研究结论“牧区特有的气候环境特点决定了草场由社区共用”

存在严重冲突（Scoones，1994；Banks et al.，2003；Camille et al.，2006；李文军、张倩，2009；Behnke et al.，2008）。尤其是研究牧民对气候变化的感知的学者认为，由于牧民长期与气候不确定性共存以及这些不确定性在每个区域都有其独特性，我们可以通过保持社区组织和社会互惠关系来促进牧民在应对气候不确定性的能力提高（Klein et al.，2011）。草场流转仅靠市场手段来配置草场资源，弱化了社区组织和社会互惠关系在共同承担风险中的作用，甚至导致市场与社区的脱嵌（王晓毅，2009；韩念勇等，2011；赖玉佩、李文军，2012；贡布泽仁、李文军，2016）。其次，传统的生计型畜牧业运用的是低投入以及风险规避的策略，生产者通过理性的决策，在有限的资源中获得最大化的总体收益或在更大的范围内使总的系统产出最大化（Sheehy et al.，2006；李文军、张倩，2009；Kratli & Schareika，2010）。因此，如果没有有效的制度安排来适应草场生态的特征，单一依靠草场流转及外界资源的输入来补给饲草，就会增加畜牧业生产的成本，给牧民带来了较大的经济负担，可能会进一步恶化畜牧业生产和加快草场退化程度（张倩，2011；张澄澄，2014；韩念勇，2018）。最后，有研究者从劳动力生产转移的角度提出，草场流转把草场资源整合到几个有能力、资源的牧户手中，在某种程度上提高了少数牧户的生计水平，但是同时也造成了很多贫困户因为流转而失去生产和生计能力，进一步被边缘化（史慧，2012）。在青海省的牧区，绝大多数牧民的收入来源仍主要依靠畜牧业，而在草场流转过程中，他们的草场进一步被细分，只有通过交易才能获得草场。这样的制度使很多贫困户无法继续从事畜牧业，同时由于牧民自身的教育水平较低，不具备现代技术能力，难以适应城市化、市场化带来的生产生活变化，从而面临无法保障基本生活的困境。因此，建议在减缓草场流转执行的同时，为牧区提供技术教育培训等配套措施，以提高牧民适应现代化能力。基于此，这些研究建议把恢复社区组织、互惠关系等社区习俗制度的特征作为草场管理政策的目标（Yeh et al.，2013；Wang et al.，2014；Fernandez-Gimenez et al.，2015）。

综上所述，国内多数的学术观点支持草场流转在草场管理中的有效性，认为在草场承包到户的基础上，草场流转的市场手段能够有效配置草场资源。这些研究把草场流转带来的负面影响归结为由市场机制所需的产权明晰不到位和流转过程不规范。然而，也有少数研究从牧区社会生态系统的特征出发，认为草场承包后，草场流转虽然在一定程度上恢复了牲畜移动，促进了部分牧户的畜牧业生产和生计水平的提高，但整体的牧民生计水平和畜牧业生产没有得到改善。主要原因是，草场流转的基础是完善草场承包到户制度，但这样的产权配置方式打破了社区共用草场产权的格局；次要原因是，草场流转仅靠市场手段来配置草场资源，那么这样的治理结构将会弱化社区组织和习俗制度在草场管理中的作用。因此，这些研究建议恢复社区组织、互惠关系等社区习俗制度。如今，学术界对于草场使用权由牧户个体私有还是社区共有的争议成为青藏高原草场管理的难题。

1.2 问题提出

随着市场化的发展以及市场机制的推进，青藏高原的牧区与社会经济的联系增多，相互依赖程度加深，牧区的社会生态系统正经历着前所未有的变化。更为重要的是，随着草场流转的推进，牧区开始出现了草场的交易市场，草场资源进入市场，成为市场上直接可交易的商品。这样的变化使草场资源在牧民生活中的作用和功能日益多样化。草场不仅为牧民提供畜牧业生产的资源，还为牧区提供其他的服务，例如供给药材、生态旅游服务等。同时，有研究指出随着我国西部地区的气温升高，这里的草场将面临着极端降水和气温变化的趋势，草场生态的异质性也随之增大（Wu et al.，2007；Yeh et al.，2014）。这些变化增加了牧区社会生态系统的复杂性，草场管理的制度安排也随之发生巨大的变化。我国牧区开始出现了多样化的草场管理模式，尤其是在草场管理中青藏高原牧区等传统习俗制度、社区组织和当地社会文化仍有重要作用的牧区。在这样的变化中，关于草场流转的相关研究陷于草场使用权应由牧户个体所有还是社区共有的争议中，并进而出现了草场资源应仅靠市场机制还是社区习俗制度来配置的争论。然而，这样的研究争议忽略了市场化的进程对牧区带来的制度变化和推动。其中三个重要的草场管理变化在现有的研究中并没有得到应有的关注。

第一，主流的学术和政府观点认可市场机制在草场管理中的有效性，并强调政策执行的规范性及其影响，然而很少关注实际草场管理中的制度演进。当基于市场的草场管理政策推进到牧区，即通过市场机制来配置资源的时候，与当地社区原有的习俗制度发生了什么关系，是否创造出了新的草场管理模式？

第二，尽管在我国牧区上千年的演化过程中形成了非常特殊的“人-草-畜”社会生态系统，但是它从来不是一个孤立的系统，而是一直与外界市场变化有互动。然而，在目前已有的研究中，尤其是支持社区习俗制度的研究，很少有研究关注市场化的发展对草场管理的影响以及市场机制在草场资源配置中的作用。

第三，牧区与外界市场的接轨增加了草场资源在牧民生活中的作用和功能的多样化。如今草场不仅只为畜牧业生产供给草料的资源，而且为牧民提供虫草等药材资源和旅游资源，甚至成为市场上直接可交易并获取现金收入的商品。与此同时，随着草场管理制度的演变和草场资源所提供的服务和作用的多样性的展现，牧民参与市场经济的程度和方式也存在差异。我们课题组在四川西部牧区旅游发展的研究中发现，在不同的草场管理制度下，牧民参与旅游的方式和程度存在较大的差异（卢俊杰，2019）。在已实施草场承包到户制度的村子中，牧户通过个体户经营牧家乐的方式参与旅游，而在实施了放牧配额制度的村中，牧民则是从全村、联组以及牧户个体三个主体参与不同的旅游活动，进而从旅游业中获得较高的收益。然而，已有的草场管理制度研究仅关注草场资源本身如何配置，却很少关注不同的草场管理下牧民如何配置草场资源所提供的不同服务和效用。

如今，我国牧区的草场管理不仅需要考虑草场生态系统服务功能，还需要关注牧区人口增长和市场需求增加带来的额外压力。传统的社区习俗制度无法避免市场化发展带来的影响，故而需要面对社区不断演化的事实。同样地，牧区的习俗、信仰和社区组织等社会文化以及草场生态系统的异质性特征是市场机制在草场管理中必须面对的现实。在这样的变化中，牧区出现了新创造的多样化管理制度，即不同于社区习俗制度，又不单一地依靠市场机制。近来，已经有研究开始发现，除了实施国家推动的草场管理政策外，牧区开始出现了多样化的制度安排，包括基于社区的放牧配额管理（Gongbuzeren et al.，2018）、草场联户经经营（Cao et al.，2013；卢俊杰，2019）、草场股份制合作社（赖玉佩、李文军，2012；Wang et al.，2016）。这些新的制度在不同尺度上影响着草场使用和放牧方式、牧民参与市场的渠道、生计发展的策略、对外界资源的依赖程度等。

面临这样的草场管理及其牧区社会生态系统的变化，现有的研究和政策主要在牧户个体和社区维度上去争议市场机制和社区习俗制度的不同作用，然而，这些研究忽略了实际草场管理中的制度演进的过程以及这些制度形成背后的机理。因此，基于青藏高原草场管理制度的案例研究，本书试图回答的问题是：

（1）随着市场化的发展，牧区是否出现新的草场管理模式？若有，深入探索牧民为什么采取这样的管理模式，并分析市场机制和习俗制度在这样的管理中所起到的不同作用。

（2）这些新的草场管理模式如何结合外界资源的输入与社区内部的资源配置来解决牧区脱贫和促进草场生态保护？

（3）这些新的草场管理模式与我国推行的草场流转政策的本质区别是什么？各牧区所采取的新的管理模式背后的机理机制是什么？从而探索能否为我国的草场管理的政策提供新的管理框架。

1.3 研究意义和思路

1.3.1 研究意义

本书有以下几个方面的研究意义：

（1）关于草场应该由牧户个体使用还是社区共同使用，一直是学界争议的焦点，并影响着我国市场化的草场管理政策的实施。但本书作者在过去10年青藏高原牧区的调研中发现，随着市场化的发展，牧区逐渐发展了不同以往的草场管理模式——基于社区的放牧配额的管理、牧民联户经营草场等模式。本书通过分析草场流转和放牧配额管理的区别，试图从产权理论的视角对这一草场管理模式进行解读，为我国草场产权理论提供新的认识。

（2）习俗制度和市场机制不仅在中国，在全球的自然资源包括草场资源管理中也是两个重要的管理手段。很多国家的草场管理政策把两者作为两个不同的管理措施执行，而且在全球市场化的背景下，市场机制成为很多国家草场管理的主要手段。与草场产权是私有化还是共有的争议相对应，学界多数进行草场管理机制的研究也仅关注市场或者习俗制度中某一个方面的作用。但从上述文献综述中可以看出，市场机制和习俗制度是草场管理的两个不可分割的手段，两者各有一定的作用和不足。因此，本书试图从制度嵌套性视角来分析市场机制和习俗制度关系，为草场管理背后的激励机制分析提出新的视角。

（3）我国牧区正处于一个社会转型的阶段，从传统的牧区社会逐渐走向市场经济的现代社会。在这样的转型中，在草场承包到户的基础上通过市场机制来配置草场资源被广泛认为是能够解决草场退化，同时提高牧民生计的有效途径，如基于草场使用权私有化基础上的草场流转。然而，也有研究发现仅依靠市场机制的草场流转并没有从根本上解决由于草场承包到户制度所带来的生态和生产问题。因此，以完善草场承包到户制度为基础，继续在全国草场一刀切地推进草场流转是否有必要？尤其像青藏高原牧区，虽然表面上草场已经承包到户，但是实际上依然有很多地方保持着村集体共用草场的习俗，并且其社区习俗制度在面对市场机制进入的同时也在不断地演化，如果像目前政策所主导的那样继续刚性推进草场承包到户，试图用草场流转等市场机制完全取代社区习俗制度，是否有效？其中的得与失是什么？本书将通过回答以上问题，试图探讨并提出一个既能适应牧区社会生态系统的特征，又能促进牧区适应市场化发展的草场管理模式。

（4）本书试图通过对案例地的实地调研进一步探究在已有的草场管理模式下，信贷作为一种扶贫手段如何更好地适应牧区的实际情况，使其政策效果更好地发挥，促进牧区进一步发展，使牧民从中获益。实际情况为了适应已有的草场管理模式，当地的社区及牧民该如何联合起来，采取针对性的措施，积极利用政策改变贫困的生产、生活现状。

（5）虽然已有的关于社区参与旅游限制和促进因素的研究涵盖了宏观层面、中观层面和微观层面三个层面（具体包括所属行业、外界对当地社区的评价、社区的生态旅游资源和社区文化旅游资源等因素），但是在以往的研究中，研究者没有明确考虑牧区草场使用制度的因素，而这恰恰是研究草原牧区旅游业发展和社区参与旅游不可忽略的重要因素。因此，本书以牧区草场使用制度为研究视角，探究牧区草场使用制度对社区参与旅游的影响，这将有助于拓宽社区参与旅游的研究领域。

1.3.2 研究思路

本书从青藏高原草场管理的制度中的实际问题出发，讨论草场流转和放牧配额的实施过程，提炼并梳理其中的学术问题，对其进行分析和研究。以牧区社会生态系统的特征出发评估案例地草场流转和放牧配额管理对牧区生计和生态带来的不同影响，并通过建立理论分析框架，从制度嵌套理论和环境效用的视角，分析市场机制和习俗制度的关系以及放牧配额与使用权的区别，解读两个不同的制度安排为什么带来不同的影响，最后提出相应的政策建议，具体的研究思路如图 1-2 所示。

1.3.3 相关概念界定

本书采用的几个概念与青藏高原草场管理的制度历史有直接的关系。因此本书先简要介绍青藏高原草场管理的历史变化，以方便界定书中将要用到的一些重要概念。

有研究估计青藏高原草场有着 8 000 年的放牧历史（Miller，2002；Sheehy et al.，2006；Miehe et al.，2009）。生活在生态环境时空异质性巨大的草场，青藏高

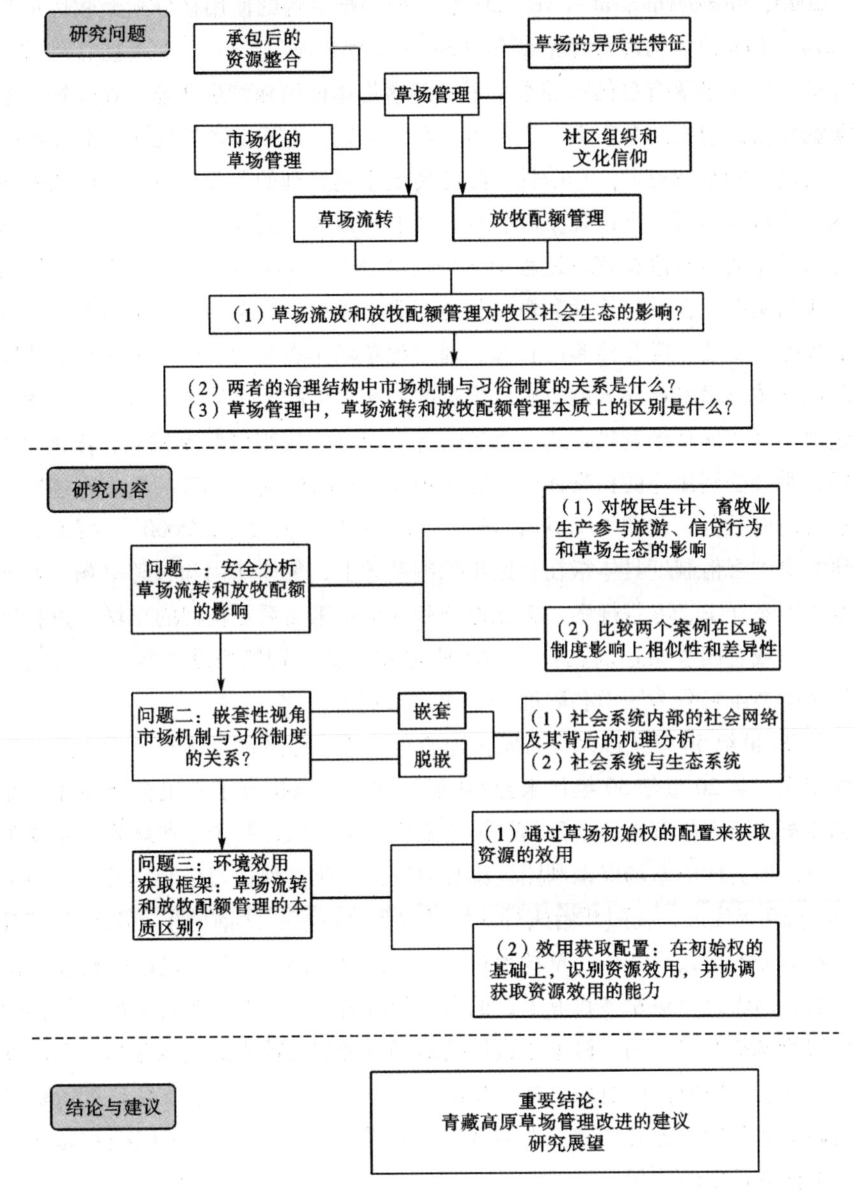

图 1-2　研究思路图

原的牧民与草场生态系统共同进化和发展，形成了一套适应于当地生态特征的草场管理制度，通常被称为习俗制度（Miller，2002；Yan，2005；Camille，2006）。

新中国成立前，藏区的草场所有权由部落首领、寺庙、重要的佛教人士或者当地精英拥有（Clarke，1989；Goldstein et al.，1989，1990；尕藏才旦、格桑本，2000；Rinzin Thargyal et al.，2007）。他们把草场的使用权分配给牧区的每个部落（Tsowa）。当时的每个部落（50~1 000 户不等）为一个草场管理的基础单位，每个部落有自己的四季草场，部落集体使用和管理草场。牧民饲养多种类的牲畜，包括牦牛、藏羊、山羊、马、驴等，这样能更好地使用草场不同时空尺度上的不同资源。季节性游牧是传统草场管理的主要手段。青藏高原的牧区位于高寒地带，所以除了降水量分布不均以外，高海拔、寒冷、雪灾、气温等因素也会影响牲畜移动过程和草场资源分配。每个部落内部都有深厚的亲缘、邻居关系，在草场管理和畜牧业生产方面形成了长期的社区互惠关系。每个部落都有几位非常有经验的长辈，对当地草场生态变化、每年的气候条件以及放牧方式方面都有深入的了解。根据他们掌握的的本土生态知识，全部落人一起决定每年的草场利用方式。部落内部有严格的规则和监督机制，若有牧民违规，则会受到相应的罚款和社会文化两种方式的惩罚，后者甚至会将违规牧民逐出村内社会文化圈（Clarke，1989；尕藏才旦、格桑本，2000）。因此，本书研究中的习俗制度具体指在社区组织的基础上，集体使用和管理草场，并通过本土生态知识、习俗规则、文化道德和社会互惠关系在社区的草场上进行纵向的三季或者四季搬迁以及日常的放牧方式（如不同牲畜分开放牧或者按天气每个季节草场分为阴面和阳面等方式）来利用。

自 20 世纪 50 年代以来，青藏高原牧区的社会经济和草场管理发生前所未有的变化。从 20 世纪 50 年代末至 80 年代初，我国执行了人民公社制度，草场和牲畜的所有权归国家，部落转换为畜牧业生产队，每个生产队拥有草场的使用权，但具体的草场资源利用过程和放牧方式仍然保持习俗制度安排。到了 20 世纪 80 年代末，我国开始执行草场承包到户制度，之前的生产队改为行政村，牲畜分配给牧户个体，草场承包到村。在这期间，虽然草场的所有权由国家所有，但管理草场和畜牧业生产的生产队或者行政村都是在过去传统部落的社区组织基础上建立的，村集体具体的草场管理和放牧方式仍然保持习俗制度安排，草场管理中社区组织、社会互惠关系、本土生态知识和文化道德等依然是协调草场管理的重要因素（尕藏才旦、格桑本，2000）。社区组织在草场管理中发挥着重要的作用。

20 世纪 90 年代初，我国由于市场经济的发展，试图加强和完善农业生产责任制，在牧区推行草场承包到户的政策，把过去村集体共用的草场分配给牧户个体，并让牧户建立草场围栏以明晰边界。这一重大政策变化是牧区经济制度改革的大背景。草场承包到户制度使得畜牧业生产从过去的集体合作变成独户经营，草场管理和利用的相关责任和权束都由牧户个体承担，传统的社区组织逐渐被弱化。虽然草场承包在内蒙古牧区被大力推动和执行，但是在青藏高原的实际落实则具有较大的弹性。虽然纸面上承包到户，但很多村子至今仍然保持着草场共用，利用社区习俗制度来管理草场。20世纪90年代末，我国在西部地区推行“西部大开发战略”，通过市场化推动牧区经济发展改革，逐步拓宽当地的畜牧业市场，通过外界资金和技术资源的引入，试图使传统的生计型畜牧生产加速转变为商业型畜牧业。在这一时期，青藏高原牧区已经开始执行草场承包到户制度村里已有一些非正式、小规模的草场流转。到了2008年，随着《中共中央国务院关于促进农业发展农民增收若干意见》颁布，草场经营权的流转开始规范化，草场的相关权属和责任被商品化，以便通过市场来重新整合和分配草场资源。在这时期，市场化的发展使当地的草场和牲畜价值迅速提高，而藏区的草场管理制度安排也发生了巨大的变化。有些牧区村自发地开始草场流转，但也有社区创造出习俗与市场机制共存的新制度。

基于这样的草场管理制度的历史背景，本书将一些相关的重要概念定义如下：

（1）习俗制度——在社区组织的基础上，维持集体使用和管理草场的本土生态知识、习俗规则、文化道德和社会互惠关系等。其中集体利用和管理草场具体指：在社区的草场上进行纵向垂直（三季或者四季搬迁）以及日常按照牲畜种类或者天气（每个季节草场分为阴面和阳面放牧等）利用和管理草场的方式。

（2）社区——政府认可、并在传统部落的社区组织和社会网络基础上建立的、具有明晰的草场边界的牧区社会群体。

（3）市场机制——在社区中牧户个体之间通过自由交换和自由竞争配置草场资源和牲畜的方式。具体包括三种：草场使用权交易（草场使用权明晰的基础上，牧户个体之间进行的草场租赁）、放牧配额的交易（明晰放牧配额的基础上，牧户个体之间实施放牧配额协调的补偿机制）、贷畜（明晰放牧配额的基础上，牧户个体之间进行牲畜贷入、贷出等行为来协调放牧配额的手段）。

（4）草场流转——草场承包经营权的流转简称草场流转，是指在草场承包期内，牧户可以把草场通过租赁、转让和转包的方式流转给第三方从事畜牧业经营（国务院，2008，2011；青海省人民政府，2011）。

（5）放牧配额管理——指在维持社区共用草场的基础上，社区组织失根据每年的草场生长情况确定全村草场面积能够承载的牲畜总头数，然后基于各户草场使用面积或者全村人口来分配各牧户的放牧配额。根据放牧配额要求牲畜大户控制牲畜数量，并对少畜户、无畜户提供补偿或者通过贷畜的方式协调放牧配额，由习俗规则监督和维护放牧配额的分配和执行。所以放牧配额的管理是在当地社区的习俗制度上建立并得到牧民认可的一种管理制度。同时，放牧配额管理中也采取了各种形式的市场机制，如牧户之间放牧配额的直接交易或者牧户之间通过贷畜的手段协调放牧配额等。

（6）社区参与旅游——许多国家和地区通过社区参与旅游的策略，成功发展旅游，并取得了巨大的经济和社会效益。因此，越来越多的学者逐渐将社区参与旅游作为研究关注的焦点。一般来说，我们可以从参与的内容和形式上理解和把握社区参与旅游的概念。社区参与旅游的内容有很多，包括参与旅游地管理与决策、参与旅游利益分配、参与旅游环境保护、参与旅游教育与培训等（Tosun，1999；刘纬华，2000；王瑞红、陶犁，2004）。此外，社区参与旅游的形式也多种多样，如对旅游发展提出相关意见和建议或采取具体行动参与旅游等。徐永祥（2000）指出，社区参与旅游的形式主要分为四类：经济参与、政治参与、社会参与和心理参与。尽管学术界对社区参与旅游的定义有一定的共识，但仍存在一些争议。例如，吕君（2012）就指出，真正意义上的社区参与旅游是一个动态演进的过程，是一个阶段性和历史性的过程，不同时期的要求、任务和发展路径是不同的。从我国目前的经济发展水平和旅游业发展水平来看，社区参与旅游主要是以经济参与为主，以一些简单的商业活动（如开办小卖部、餐饮、住宿等）参与到旅游业中（李星群，2008）。综上所述，本书所涉及的社区参与旅游主要是指，社区居民（以牧户家庭为单位）以经济参与的形式参与旅游——即参与旅游经营活动（如开办餐饮、住宿、小卖部等），并从参与中获得收入。

（7）社区社会网络——社会网络理论以其强大的解释力，已被广泛应用于各个研究领域。从研究时间上看，国外研究起步较早且成果丰硕，而国内研究起步较晚。大多数学者认为，社会网络是指以个体为核心而展开的社会关系的总称（祝平燕，2010）。然而，由于研究目的不同，人们对社会网络概念理解的侧重点也不同，不同的学者对社会网络的定义随之不同。最初，社会网络被认为是人与人之间形成的一种特殊关系（Burt，1992）。此后 Foss（1999）认为社会网络是人与人之间的一种社会关系，这种关系是持久稳定的。Lin（2001）则认为，社会网络是由人与关系共同组成的网络结构。国内许多学者也对社会网络的定义提出了自己的看法。例如，黄海云等（2005）认为，社会网络不仅是一种关系网络，而且是一种方式，社区内个体或群体能够通过这种方式获取资源。而朱亚丽（2009）将网络看作是一种社会关系的集合，为社区内个体或群体行动带来资源的同时，也产生了约束力。此外，还有学者认为，社会网络是个体之间、个体与组织之间以及组织之间所结成的稳定的长期的一种社会关系（陈巍等，2010）。基于国内外学者对社会网络的定义和本书研究的主题，本书中的社会网络主要是指个体之间、个体和社区组织之间在交流和接触的过程中所形成的社会关系，并且这种社会关系能够为社区内的个体带来一定的资源和利益。

（8）代牧——少畜户替多畜户代养他们牲畜的一种方式。有些牧户虽然有草场、劳动力和放牧配额权，但自家没有牲畜或牲畜数量少，并且没有经济能力去扩大畜群规模，因此代养其他牧户的牲畜。大部分牧区代牧的时间为一年，一年后除了代养的牲畜之外，当年繁殖仔畜数量的50%要归还给户主，而剩下50%的仔畜、畜产品则作为费用归代牧人拥有。

（9）贷畜——放牧配额管理制度执行后牧户之间新出现的一种牧畜数量分配方式。当牧户的总牧蓄数量超过配额标准时，通常把幼畜（一岁的羊羔和两岁的牛犊）从协商好的价格（比市场价低）贷给没有超标的贫困牧户。贫困牧户一年后把贷入的牲畜卖向市场，再把当初协商好且不计利息的贷畜总价归还给牲畜贷出的牧户。

2 草场管理中的市场机制与社区习俗制度

2.1 社区习俗制度

近年来，社区的习俗制度和共有产权在草场管理中的作用引起了很多学者和决策者的关注。在社区习俗方面的研究越来越强调通过保持大尺度上的牲畜移动和放牧方式来更好地适应草地生态系统的资源分布的高度时空异质性和不确定性，从而保持可持续的草场资源利用方式（Fernandez-Gimenez，2002；Ostrom & Mwangi，2008；李文军，张倩，2009；王晓毅，2009；海山，2012）。有研究指出，传统的草场使用和管理具有公共池塘资源的特征，由于草场本身的自然属性，即草场资源分布的时空异质性特征，使得草场的使用难以具有排他性（Banks，2001；李文军、张倩，2009）。放牧资源的时空多变性要求在大范围内使用草场，也就是不能对一小块草场进行常年连续地使用，只有通过牲畜大范围的移动才能顺应不确定的自然环境，这是一种适应能力的体现（Williams，2002）。与此相对应的，许多研究指出传统社区的习俗制度包括社区互惠关系和共有规则是保持牲畜移动的制度保障（Banks et al.，2003；Li et al.，2007）。社区资源管理的习俗制度在传统上往往是在社区共有产权的基础上形成的，资源使用者集体管理和使用草场，并拥有排斥非社区成员的权利（李文军，张倩，2009）。社区文化信仰、社会组织、本土生态知识等因素影响着社区习俗制度的功能和结构（Ostrom & Mwangi，2008 ）。因此，本书对青藏高原牧区习俗制度的特征进行梳理，并在此基础上对国内外对习俗制度的形成和草场管理中的作用研究进行综述。

在全球的草场管理中，越来越多的研究深入分析了社区习俗制度在草场管理中的作用，而这样的兴起与两个重大理论学科的发展有着密切的关系。

第一，自20世纪70年代末开始，以Ellis、Swift（1988）和Scoones（1994）为代表的很多学者在非洲的干旱与半干旱区的研究中，把非平衡动态的概念引入草原科学，并指出传统的平衡理论对于干旱、半干旱草原具有根本性的错误认识，从而导致了不恰当的、甚至是错误的对于该类型草场的管理恢复性干预。与早期认为植物和牲畜之间存在一种平衡关系的观点相反，这些学者认为由于环境的多变性，植物群落从根本上是被不同的非平衡的过程所控制的，在这一过程中植物和牲畜动态在很大程度上是相互独立的（Behnke & Scoones，1993）。因此，在有些研究中非平衡的草原科学被称为“新草原生态学”。后来，以北京大学李文军教授为主的很多国内学者也开始研究非平衡理论对我国草原管理政策的启发（李文军、张倩，2009；王晓毅等，2009）。这些非平衡的草原科学研究让我们重新认识到牲畜、草场植被动态和非生物因素包括气候特征等之间的关系，这对我国现有的草场管理政策和发展思路提供了一个新的视角。比如，导致草场退化的罪魁祸首是牲畜还是气候？在草场的利用方式是选择私人使用还是选择共同使用？草场管理模式是选择固定的管理模式还是弹性的管理模式？（李文军、张倩，2009）。考虑到干旱、半干旱草场的空间异质性以及气候的变异性特征，想有效管理干旱、半干旱草场，就必须采取灵活的、适应性强的草场管理制度。很多学者认为社区习俗制度就是以具备弹性和适应性强为特点的管理策略。

第二，20世纪80年代中期，自然资源管理中的多元制度安排引起了很多研究者的兴趣，他们开始质疑在政府管理和市场机制之外再没有其他的自然资源管理制度的传统认识，进而开始收集、整理、分析社区管理的各种制度内容。1990年Ostrom（1990）出版的《公共事务的治理之道》，可以说是这些研究中的一个标志性成果，其标志着自然资源管理一个新领域的开启。该理论的提出为传统认知中的资源管理方式提供了“第三条道路”——通过自然资源的使用者群体以自组织的方式来管理自然资源。Ostrom通过很多实际案例分析了制度安排和制度设计的原则，提出社区自组织资源管理共有特点的八项原则：清晰界定边界、使占用和供应规则与当地条件保持一致、集体选择的安排、监督、分级制裁、冲突解决机制、对组织权威的最低限度的认可以及多层次分权制企业。所谓“设计原则”指的是一种实质要素或条件，有助于说明这些制度在公共池塘资源的作用及保证规则在世代传承中长久有效的原因。

公共资源管理的新理论相对传统的自然资源管理理论而言有两个突破点：①对产权的结构进行了详细的分析，并将资源的性质与产权安排分开来，即将公共池塘资源与共有产权（common property）相区分；进而提出，共有产权主要是管理共有资源的制度安排，而公共池塘资源理论包括了制度安排以及共有资源的特征，公共池塘资源并不一定就是开放进入（open access）的，从而有可能避免被过度利用的命运。②在方法上，以往的研究往往从理论的角度出发，给定外部制度框架，基于理性经济人假设对行动者的行为及结果进行预测。然而，Ostrom 的研究则从实践出发，通过对大量的实际中运作的自然资源管理案例的梳理来发现成功管理中的影响因素，其对社区管理自然资源的结果保持了开放的态度，并利用了大量的人类学调查的研究结果，定性的案例研究在其理论构建的过程中起到了关键的作用。

随着非平衡的草原科学理论和公共池塘资源管理学派的理论发展，关注高寒和干旱区域的草场管理的研究发现，草场资源并非是开放进入的，而是当地牧民通过社区自组织的管理办法和村规民约的规定来限制牧民如何利用和配置草场资源的管理体系。因此，这些研究认为受草场资源多变的特征影响，当地牧民、牲畜和草场生态之间通过长期的互动形成了一套当地自组织的管理办法，而这样的管理方式在学术界被称为社区习俗制度或者非正式制度。

2.1.1 青藏高原草场管理中的社区习俗制度

根据 Miehe（2009）的研究发现，青藏高原草场具有 8000 多年的放牧历史（Miller，2002；Sheehy et al.，2006；Miehe et al.，2009）。生活在生态环境时空异质性巨大的草场，青藏高原的牧民与草场生态系统共同进化和发展，形成了一套适应于当地生态特征的草场管理制度，通常被称为习俗制度（Miller，2002；Yan，2005；Camille，2006）。

自 20 世纪 50 年代以来，青藏高原牧区的社会经济和草场管理开始了前所未有的变化。从 20 世纪 50 年代末至 80 年代初，我国执行了人民公社制度，草场和牲畜的所有权归国家，过去的部落转换为畜牧业生产队，每个生产队拥有草场的使用权，但具体的草场资源利用过程和放牧方式仍然保持习俗制度安排。到了 20 世纪 80 年代末，我国开始执行草场承包到户制度，之前的生产队改为行政村，牲畜分配给牧户个体，草场承包到村。在这期间，虽然草场的所有权由国家所有，但管理草场和管理畜牧业生产工作的生产队或者行政村都是在过去传统部落的社区组织基础上建立的，村内具体的草场管理和放牧方式仍然保持习俗制度安排，草场管理中社区组织、社会互惠关系、本土生态知识和文化道德等依然是协调草场管理的重要因素（尕藏才旦、格桑本，2000）。社区组织在草场管理中发挥着重要的作用。

2.1.2 社区习俗制度在草场管理中的特征和作用

在习俗制度的形成、发展以及在草场资源管理中所起到的作用方面，现有的研究认为存在以下几个方面的特征。在习俗制度的形成及发展方面，现有的研究中可以归纳以下几个方面的因素：

第一，社区是从道德、实践、文化和社会意义等方面促进习俗制度发展的基本组织（Singleton & Tyalor，1992）。现有的研究认为社区是一种社会认同（McCarthy et al.，1998），是一种多种角色和制度的网络（Agrawal & Gibson，2001）。社区是通过长期集体行动、合作和相互作用，资源使用个体逐步发现共同的目标而产生的（McCay，1998）。社区不仅是一个固定地理位置上的社会实体，更是通过象征性的文化道德建立起来的团体（Cohen，1985）。因此，社区成员对社区组织制度安排的忠诚和服从不仅是因为利益最大化的需求或者畏惧物质上的惩罚，更是因为道德上的承诺（McCay，1998）。因此，越来越多的研究者强调恢复社区组织的作用，并且提出社区与政府共同管理草场的模式（Fernandez-Gimenez，2002；Banks，2003；Foggin，2008；Li & Huntsinger，2011）。此外，社区是习俗制度发展的基本组织，因此很多研究强调草场共有产权是社区习俗制度的基础，保持社区共用草场的产权安排能促进维护社区组织在草场管理中的作用（Scoones et al.，1995；Fernandez-Gimenez，2002；Yan & Wu，2005；Li & Huntsinger，2011）。

第二，社区成员在畜牧业生产、放牧方式、草场利用等方面建立的互惠关系是习俗制度运作的社会网络。通过社区内部成员之间的互惠关系，分享财产和劳动力能够使牧民更好地适应气候多变和生态异质性，减少畜牧业生产的成本（Swift，1994；Banks，2003；Davies，2007），有些研究称它为聚合型社会网络（bonding relationship）（Woolcok，2001；Newman & Dale，2005；Plummer & FitzGibbon，2006）。另外，位于干旱、半干旱区域或高寒地区的牧民常年面临各种自然灾害，如雪灾、干旱等，灾害来临时牲畜通常需要在本社区以外的更大尺度内移动以躲灾。这种情况下，需要建立社区与社区之间的互惠关系，也被称为连接型社会网络（bridging network）（Adger，2003；Tompkins & Adger，2004；Newman & Dale，2005）。因此，这些研究也提到，当市场取代社区习俗制度的时候，在重新定义社会网络的过程中，互惠关系的削弱甚至消亡会削弱牧民适应生态异质性的能力（Reeson，2011；赖玉佩、李文军，2012）。

第三，本土文化和生态知识是社区习俗制度发展的依据（Golstein & Bean，1989；Olsson & Folke，2001）。研究指出，牧民长期与草场生态系统的特征进行适应和相互影响，基于生态系统的特征来不断改进草场资源利用和管理的制度安排，所以牧民通过长期的实践对草场生态特征、结构、功能和变化都有深入了解（Olsson & Folke，2001；Quaas et al.，2007；李文军、张倩，2009；王晓毅，2009）。因此，很多研究强调本土生态知识，它不能仅被看作某一个历史阶段的特征，而应该被认作是可持续的牧区发展和草场管理中不可缺少的本土科学依据（Agrawal，1997；Turner et al.，2005）。

第四，社区习俗制度是牧民与草场生态长期相互影响和适应的过程中形成的一种制度安排（Fernandez-Gimenez，2002；Sheehy et al.，2006），时空尺度的牲畜移动和复杂的放牧手段等是习俗制度利用和配置草场资源的核心（Scoones，1995；Miller，2002；Turner，2011）。牲畜移动的格局是基于牧民在当地生态系统特征的认识和知识基础上所建立的，是不同草场资源利用的过程（Hobbs et al.，2008；Oba et al.，2006；Roba & Oba，2009）。根据生态系统的特征和牲畜食草需求，牧民把草场景观分为几种放牧斑块（Bauer，2006；Roba & Oba，2009），牲畜在不同斑块之间移动的形式体现在几个方面：季节性游牧、每天的放牧方式、走场或者长距离的牲畜移动。季节性游牧指在同一景观尺度上不同草场斑块之间的牲畜移动。每年的降水量、气温和草场资源的分布决定着季节性游牧的时间和方式。日常的放牧方式主要关注一个季节草场上的牲畜移动的格局，而移动的过程受到牲畜食草行为的影响（Miller，2002）。另外，在青藏高原等高寒草场的区域，气温也会影响一个草场斑块里的阴面和阳面的移动，并且会随着海拔的高度纵向进行季节性游牧（Sheehy et al.，2006）。走场或者长距离的游牧指在不同草场景观之间的牲畜移动。走场是干旱区相对常见的放牧方式，空间尺度上的年均降水量差异大导致每个区域的干旱程度不一样，所以社区与社区之间形成了走场的牲畜移动格局（Fernandez-Gimenze，2002；Reeson，2011；Li，2012）。

上述的习俗制度的特征及基于此的资源利用过程在牧民、牲畜和草场之间的动态关系中起到了以下两方面的作用：

第一，从草场生态的特征出发，很多研究强调习俗制度下的天然放牧方式能够有效地顺应草场生态系统的特征（Fernandez-Gimenez & Allen-Diaz，1999；Sheehy et al.，2006）。放牧方式影响着空间尺度上的栖息地结构和生物多样性的分布（Illius & O'Connor，2000；Briske et al.，2003；Vetter，2005；Turner，2005；Quaas et al.，2007）。Weber et al.（1998）和其他学者提出放牧对生态的影响取决于时空尺度上的放牧压力的分布格局（张倩、李文军，2008）。通过牲畜移动，习俗制度能够使牧民获取不同时空尺度的水草资源来平衡畜牧业生产的营养需求（Scoones，1995；Williams，2002；Galvin，2008；Hobbs et al.，2008；Behnke et al.，2008），维持草场景观尺度上不同斑块之间的连接度（Galvin，2008；Hobbs，2008）能够通过弹性的放牧方式来更好地应对多变的自然灾害（Scoones，1995；Fernandez-Gimenez et al.，2015），同时习俗制度能够协调多样的牲畜移动格局来分布放牧压力，促进草场的可持续利用（Cao et al.，2011）。

第二，从畜牧业生产的角度出发，很多研究提出习俗制度在多变环境下可以保持高效的畜牧业生产方式（Dong et al.，2009；Catley et al.，2012；Li & Huntsinger，2011）。这些研究从几个方面来举证阐述：①习俗制度强调畜牧业生产的效率，主要体现在适应生态环境多变性的能力方面（Quaas et al.，2007），其通过获取不同时空尺度的草场资源来进行畜牧业生产（BurnSiler，2008；Klein et al.，2011）来减少因环境不确定性带来的畜牧业生产风险。另外，牧区的家畜与野生动物一样，拥有自己的食草行为，需要通过不同时空尺度上的移动来维持牲畜的膘情和生产量（Miller，2002；Bedunha & Harris，2002；Kerven，2008）。因此，传统的生计型畜牧业遵循的是低投入以及风险规避的策略，生产者通过理性的决策，在有限的资源中获得最大化的总体收益或在更大的范围内使总的系统产出最大化（Sheehy et al. 2006；李文军、张倩，2009；Kratli & Schareika，2010）。②习俗制度可以促进畜牧业生产中的互惠关系、劳动力生产和资产分享，从而减少畜牧业生产成本。而具备公共池塘资源特征的草场管理中，明晰排他权将会增加畜牧业生产的成本（Banks，2003；Ostrom & Mwang，2008；Marshall，2013），从而给牧民增加多方面的经济负担（韩念勇，2018）。③社区习俗制度能够减少或有效解决资源使用和分配中的冲突，保障牧民拥有资源获取的能力来维持畜牧业生产效率。另外，习俗制度能够协调资源获取的公平性，使每个牧民都拥有公平的机会来保障畜牧业生产和个人生活（Mwangi，2007；Li & Zhang，2009；Wang，2009）。

经过几千年的放牧历史沉淀，青藏高原的牧区形成了适合当地草场生态特征的草场管理模式，也被称为社区习俗制度。随着非平衡的草原科学理论和公共池塘资源管理学派的理论发展，全球越来越多的研究认可在多变的环境中，社区习俗制度的牧民自组织的管理下所形成的这套草场管理方法。社区习俗制度不同于市场机制，在社区组织的基础上集体使用和管理草场，并通过本土生态知识、习俗规则、文化道德和社会互惠关系等促进季节性放牧方式，帮助牧民更好地适应草场生态的特征。习俗制度强调草场利用方式需要适应草场生态的特征才能维持高效的畜牧业生产。基于此，本书认为，社区组织、社会网络、本土生态知识、社区社会资本等因素是社区习俗制度最核心的组成部分和显著特征。

2.2 市场机制

关于市场机制在自然资源管理中的作用及影响的相关研究有很多，尤其是在水资源和渔业资源的配置中，学术界对可交易配额（transferable quota）等市场机制的作用和缺陷进行了较多的研究。近些年，市场机制在草场管理中的影响开始得到关注。在干旱与半干旱区域的草场管理研究中，很多国内外的研究非常重视市场机制在草场资源配置中的作用以及市场机制的进入对传统社区习俗制度带来的影响。

2.2.1 自然资源管理中的市场机制

在产权明晰的基础上，市场机制通过自发调节对自然资源进行配置，具体包括自然资源管理中的供求、价格、竞争、风险等要素之间的相互联系及作用机理。同时，市场机制也是消费者和提供者的交易平台（Tietenberb，2005；Common & Stagl，2005）。市场机制通过协调不同公司、个人规划及活动来解决社会经济问题。自然资源管理中，科斯定理认为，在产权明晰、交易成本为零或者很小的时候，市场机制能实现资源配置的帕累托最优。市场机制通过自发调节对自然资源进行配置，具体包括自然资源管理中的供求、价格、竞争、风险等要素之间的相互联系及作用机理（Tietenberb，2005；Common & Stagl，2005）。在自然资源管理中，市场机制能够发挥作用的前提条件是自然资源产权的明晰，而政府干预在产权分配和明晰中起着重要的作用（Daly，2005）。“配置”指在生产中资源输入的配置以及通过生产过程的产出的分配。“优化配置”指在生产过程中输入的资源配置和产出的分配方法，即在没有任何人的效用受损的情况下，而达到所谓帕累托最优的状态（Geoffrey，2000；Tietenberb，2005；David，2002）。如今，在全球的草场资源管理中，很多学者和决策者都认为市场机制是重新整合和优化配置草场资源的主要手段，从而在不同牧区以不同的形式实施了基于市场机制的草场管理模式，如非洲的草场产权交易、澳大利亚的牲畜代养方式、我国的草场经营权流转等。不同于社区习俗制度，市场机制在草场管理中也发挥着重要作用。

2.2.2 市场机制在草场管理中的特征和作用

根据已有的研究，我们从以下几个方面梳理草场管理中的市场机制的特征和作用：

第一，产权明晰是市场机制的前提，因此很多研究提出进一步完善草场私有化是市场机制执行的基础，是重新整合和配置草场资源的主要途径（Kamara et al.，2004）。同时，也有部分研究认为产权明晰等同于私有化，因此在草场产权私有化的过程中政府扮演了重要的角色（于立等，2009）。在草场产权明晰到户的基础上，牧户个体把自己的草场通过租赁、转让和转包等方式流转给第三方从事畜牧业经营（McAllister，2006；Ke et al.，2008；Reeson et al.，2011）。澳大利亚干旱区的牲畜代养（Reeson et al.，2011）、非洲的草场土地交易制度（Catley et al.，2012）以及我国的草场流转制度等都是近年来出现在草场管理中的市场机制的例子。由于实行市场机制的前提条件是草场私有化，所以在产权交易中，相关决定权和责任都归属于牧户个体，牧户个体取代了传统的社区组织的地位。

第二，市场机制的管理下，牧户个体之间的产权交易，如交易、交换和转让等，这些都是重新分配草场资源的重要途径（Yeh & Gaerrang，2010；Reeson et al.，2011）。市场机制促使个体之间商品化的社会关系逐步形成，同时，牧区原有的社区网络，包括互惠关系、合作和社区组织等，也随之被重新定义（McAllister et al.，2006；Yeh & Gaerrang，2010）。

第三，从市场机制的视角去看牲畜与草场生态之间的关系也与习俗制度有一定的不同。市场机制更多地从载畜量的角度出发，强调产权的交易受到牧户个体的牲畜数量、扩大畜群的成本效益以及获取外部资源能力的影响（Turners 1999；McCabe，2004；Baker & Hoffman，2006；Zhang et al.，2008；Kerven et al.，2008）。因此市场机制认为草场管理的可持续性取决于牧民能否通过成本效益的激励机制将牲畜数量控制在草场承载力以内（McIvor & Mcintyre，2002）。在此基础上，牧户如要扩大畜群，就需要租入更多的草场或者从外部购买更多的饲草料等资源来替代草场资源（McAllister et al.，2006）。因此，有研究（Daly，2005）认为市场机制下的畜牧业生产，草场资源是可替代的资源。

第四，很多研究注重强调草场资源的外部性问题。这些研究认为，草场在社区共用的管理下，富裕牧户倾向于不断地扩大畜群，而无畜或少畜的贫困牧户却没有得到富裕牧户的资金补偿（张志民等，2007；Galaty，2013），这便会引起过牧而导致草场退化和草场资源分配出现不公平的现象。而基于产权明晰的市场机制能够将这些外部性内部化，从而可以解决“有草无畜和有畜无草”的冲突，提高草场资源利用的公平性。

上述市场机制的特征及基于此特征的资源利用过程对草场社会生态系统中的牲畜、牧民和草场之间的动态关系起到了以下几个作用：

第一，从草场生态的特征出发，随着市场需求的上升和依赖草场资源生活人口的增加，草场资源的稀缺性成为生态保护和畜牧业发展的焦点。很多研究认为市场机制通过产权明晰建立相应的市场激励机制使牧民在控制牲畜数量的同时，也可以通过转变生产方式和转移劳动力的方式来减少对草场资源利用的压力（Chobotova，2013；McIvor & Mcintyre，2002），从而实现可持续的资源利用方式。有研究指出中国的草场管理基于市场的草场流转可以更好地配合禁牧、休牧和轮牧等国家生态保护项目来实现草场的生态建设（张志民等，2007；张引弟等，2010）。

第二，从畜牧业生产效率的角度出发，市场机制可以将草场资源整合到有能力从事牧场的牧户手里，从而发展规模化的畜牧业生产来满足市场的需求（Lesorogol，2005；Baird & Gray，2014）。另外，也有研究提出，在已经实施了草场私有产权制度的干旱与半干旱牧区，市场机制在某种程度上恢复了牲畜移动的放牧形式，从而使个体牧户能够更好地适应因降水量变化导致的干旱和牧草资源稀缺的状况（McAllister et al.，2006；Reeson et al.，2011；Yeh & Gar-rerang，2012）。

第三，从牧区发展的角度出发，有研究提出社区共用草场缺乏个体的产权保障以及个体之间的补偿机制，从而导致牧区出现贫困和资源分配不公平等问题（Hilhorst，2000）。草场产权的明晰可以保障贫困牧户获取补偿和收入的机会（Baird & Gray，2014），这在某种程度上保障了基于权利的资源分配的公平性（贡布泽仁、李文军，2016），例如，McAllister（2006）在澳大利亚的干旱区发现参与牲畜代养（livestock agistment）的贫困牧户的收入远高于该牧户能力范围内所放养牲畜的收入。同样地，非洲的研究表明，运用市场机制来配置草场资源可以让富裕牧户为占用更多草场付出相对应的成本代价，从而使得没有能力从事畜牧业的贫困牧户有机会获取一定的收入（Lesorogol，2005）。同时，随着市场化的推进，草场资源及畜产品的市场价格逐渐上涨，牧民对资源利用和分配的公平性问题开始有了新的认识。很多牧民要求明晰产权来保障个体的权属，建立补偿机制或者重新分配资源使用权，即便有牧民意识到这样的管理模式无法长期维持草场资源利用的可持续性（Mwangi，2003，2007）

近来，市场机制也逐渐成为草场管理的主要手段。与社区习俗制度不同，市场机制的前提条件是草场产权明晰到牧户个体，进而，牧户个体通过草场产权的交易、流转等市场手段来重新整合和配置草场资源。因此，很多研究认为，市场机制通过成本效益的激励机制来促进牧民控制牲畜数量，实现草和畜牧的平衡，并且市场机制可以优化草场资源的配置，满足牧户个体的不同需求。因此，本书认为草场产权明晰到牧户个体以及通过市场机制来分配草场资源是市场机制在草场管理中的特征。

2.3 市场机制和习俗制度的关系

2.3.1 牧区社会生态系统的变化

如今，全球的牧区在经历着大范围的气候、经济和政策等快速变化（Gongbuzeren et al.，2018）。社会或生态的变化直接影响着耦合的草场社会生态系统的反馈机制和协同进化的关系（Ostrom，2009）。近年来，青藏高原牧区受到国家发展政策、气候变化和经济变迁的影响。一方面，中国西部大开发、市场经济改革、精准扶贫工程等项目的实施促进了多重市场化的农村发展模式包括牧民专业合作社、社区集体产业发展、旅游业开发、草场利用方式的多样化。这些发展政策综合性地革新了牧区的社会经济条件，使牧区与现代经济和城市化高度融合。另一方面，气候变化也加剧了草场生态的动态变化。近年来，受到气候变化的影响，我国牧区所面临的自然灾害不断加剧，连续多年干旱、沙尘暴、雪灾、冻灾和洪灾等自然灾害普遍发生，并且不同的灾害都集中在连续的几年内发生（张倩，2011）。青藏高原的牧区位于高寒地带，气温升高（Christensen et al.，2007；陈德亮等，2015；张宪洲等，2015）增加了冬季的降水量（Van Oldenborgh et al.，2013），从而导致青藏高原牧区雪灾发生的强度和频率不断加剧（Wang et al.，2014），尤其是春季雪灾和大雪灾的频发率呈现出了持续增加的趋势（Li et al.，2008；Yeh et al.，2014）。气温的不断上升也导致了青藏高原的冻土层大面积消失，进而引发了草场沙漠化（Ni，2003）、草地生产力降低、生物多样性减少（Wang et al.，2016；Hopping et al.，2018）和返青季缩短或推迟等问题的出现（Klein et al.，2014）。上述极端气候的频发对牧民的畜牧业生产和生计带来了明显的负面影响。一方面，冬季雪灾的增多导致了牲畜的死亡率增长；另一方面，有研究认为极端天气会引起牲畜疾病增多甚至致使其死亡率增长（Yeh et al.，2014）。

面对这样的社会生态系统的变化，无论是习俗制度还是市场机制都面临着不同的挑战，并在草场管理方面存在很多不足。习俗制度的基础是发挥社区组织的功能，将社区看作一个整体的社会群体，通过社区自组织和自管理来保持牲畜与生态之间的动态平衡，使资源配置和草场利用的方式适应生态系统多变性的特征，从而维持畜牧业的可持续生产（Fernandez-Gimenez，2002；Banks，2003；Foggin，2008）。然而，关于习俗制度已有的研究很少关注由于市场化的推进带来的变化。实际上，市场化的推进无疑会直接给牧区的社会经济结构带来巨大的变化，并影响到草场管理的社会组织和制度安排（Wang et al.，2012）。牧区市场化的发展意味着偏远的牧区开始与更大尺度上的社会经济系统产生紧密的联系（Foggin，2008），并且外界的变化开始直接影响到牧区的畜牧业生产方式（Klein et al.，2011），系统性地影响牧区草场资源利用的方式、规划管理、产权安排、畜牧业生产的规模、社区文化和习俗以及其他的社会生态结构（达林太、郑易生，2010；Wang et al.，2012；Lind et al.，2014）。同时，从关于市场机制已有的研究可以看到，该制度在草场管理中把制度尺度放在牧户个体层面，更多地关注市场化发展带来的社会经济的变化、草场资源在牧户个体之间的权属分配、贫困和资源利用的公平性以及怎样控制市场化需求带来的放牧压力等问题（达林太、郑易生，2010；赖玉佩、李文军，2012）。本书认为这些方面在目前的青藏高原的草场管理中极为重要，但在一个耦合的社会生态系统中，影响制度发展的因素不仅来源于社会经济因素，还来源于牧区生态系统的特征。从已有的研究看，本书认为无论是习俗制度还是市场机制，都面临着以下挑战。

2.3.2 社区习俗制度面临的挑战

习俗制度在草场资源管理中面临的几大挑战有：第一，基于社区的草场管理的观点认为习俗制度是一种由社区整体规划的制度安排，草场资源管理是社区作为一个整体单位的需求和利益，而草场退化是因为打破了生态与社区之间的动态关系，因而保护草场生态需要恢复社区组织（Leach et al.，1999）。然而，也有研究认为上述观点忽略了社区与牧户个体之间的相互作用（Leaches et al.，1999；Agrawal & Gibson，2001）。社区组织在草场管理中起不可取代的作用，但是社区不仅是一个具有共同目标和信仰的社会整体，还是由很多关注自己利益、目标的个体所组成（Leach et al.，1999）。近来有研究发现社区习俗制度在草场管理中过于强调社区却忽略了牧户之间存在的资源分配不公平问题。例如，Banks et al.，（2003）在关于青藏高原的草场管理的研究中提到，在社区共用草场中虽然每个牧户都有公平的权利来获取草场资源，但是因为每个牧户拥有的牲畜数量差异大，从而造成牧户个体实际获得的利益差异加大，进而导致贫富差距的加大。尤其是，市场化的发展迅速提高了牲畜和草场资源的市场价值，进而产生了牧户对基于权属明晰的资源分配公平性的强烈要求。因此，在市场化的影响下，草场管理的制度安排需要考虑牧户个体和社区整体之间的关系。第二，习俗制度长期以来强调适应草场资源，所以牧民的畜牧业生产目标并不是市场经济所追求的规模化的畜牧业，但是市场化的发展增加了对草场资源和畜产品的市场价值以及市场需求，从而给资源利用方式、畜牧业生产方式以及畜群规模等带来了不可避免的冲击（Klein et al.，2011）。例如，习俗制度强调保持多种畜群结构来保护草场生态系统，但随着市场化的影响，很多牧区开始增加市场价值高的牲畜种类，而减少其它种类。所以，牲畜种类单一化是不可避免的市场化的影响之一（Wang et al.，2012；达林太、郑易生，2010）。另外，牧区与市场化发展的接轨增加了牧民对外界物质和现金流量的需求，牧民需要通过增加牲畜数量来满足这些需求（Klein et al.，2011）。第三，由于社区组织是习俗制度的基础，而共有产权维持和促进了社区组织在草场管理中的作用，故而有研究强调草场管理中共有产权的必要性。然而，这样的观点简化了在草场管理中实际存在的多样化的产权安排（Banks，2003）。另外社区习俗制度仅是草场管理的手段之一，草场管理并不一定要局限于社区习俗制度，尤其随着对牧区社会生态系统耦合关系的认识，相关研究已经逐渐认识到牧区存在多样化的管理制度（Fernandez-Gimenez et al.，2011）。

虽然市场化的发展为社区习俗制度带来了很多挑战，但也产生了很多前所未有的机会。事实上，牧民无法避免市场化带来的影响和变化，因此社区习俗制度需要面对社区不断演化的事实，特别是伴随着市场化的发展，社区的习俗制度在管理草场资源中应如何适应外部市场带来的变化。

2.3.3 市场机制面临的挑战

市场机制在草场管理中面临的挑战包括：第一，市场机制强调明晰产权到牧户个体，个体利益最大化，弱化甚至取代社区组织和习俗制度来管理草场。但这样的手段忽略了延续几千年的本土知识和社会组织的作用。有很多研究已经指出社区组织和传统习俗制度在草场管理中的作用，尤其在适应干旱高寒多变的生态系统特征中它们发挥着不可替代的作用。同样地，生态经济学家的研究也开始强调，虽然市场经济关注个体利益最大化，但在现实的资源管理中，个体利益和资源利用的兴趣无法与其社区社会网络和组织隔离（Costanza et al.，2001；Daly，2005）。因为个体之间的关系不仅受到利益分配的影响，同样也受到亲缘、社区、信任和信仰等的影响。

第二，在草场生态特征方面，市场机制更多地考虑草场资源的稀缺性以及牲畜过多带来的放牧压力，但忽略了草场资源分布的异质性特征和生态系统的时空尺度上的动态变化。牲畜数量过多仅是导致“过牧”的原因之一，牲畜在时空尺度上不合理分布同样会导致“过牧”的问题（张倩、李文军，2009）。虽然有研究认为市场机制能通过恢复牲畜移动来增强牧民适应气候变化的能力（Reeson et al.，2011；Yeh & Gaerrang，2010），但通过草场流转等市场机制所恢复的牲畜移动仅限于牧户个体的草场之间进行轮牧，并没有在社区原有景观尺度上恢复牲畜移动（赖玉佩、李文军，2012）。

第三，市场机制强调通过外界资源的投入来替代草场资源的稀缺性。虽然饲草料和贷款等外界资源的输入能提高牧民应对自然灾害的能力，但是这样的措施能否取代天然草场资源的作用仍值得质疑。例如，Kratli 和 Schareika（2010）在研究中提到，草场资源的稀缺性以及时空尺度上的异质性是干旱、半干旱区域的草场特征，而天然畜牧业的生产和放牧方式就是在这样的多变生态系统中优化资源利用和畜牧业产出的生产方式。因此，如果没有有效的制度安排来适应草场生态特征，外界资源的引入有可能会进一步恶化畜牧业生产并加剧草场退化（Brown et al.，2008）。同样地，Daly（2005）在其《生态经济学》一书中讨论生产函数时提到，畜牧业生产是通过牲畜与草场生态之间相互作用而达成的，牲畜和草场生态之间是互补关系，外界引入资源难以取代草场生态的作用。因此，在社会生态系统的耦合关系中，草场生态的变化以及资源分布的时空异质性特征是市场机制必须要面对的现实。

第四，虽然产权明晰是市场机制必要的条件，但是在草场管理中草场承包或者使用权私有化是否是让草场产权明晰的唯一方法？此外，如同习俗制度一样，市场机制也仅是草场资源管理中的手段之一，而并非全部。

2.4 本章小结

从以上的综述中可以看出，在制度的结构方面，社区组织是习俗制度的管理单位，社区互惠关系是习俗制度运作的网络，文化信仰以及本土生态知识是习俗制度中协调资源利用行为的规则和依据。许多社区习俗制度来源于草场共有，并成为保持草场共用的基础。与此相比，市场机制的管理单位是牧户个体，在产权明晰到牧户个体的基础上，利用交易或者商品化的社会网络分配草场资源，成本效益的激励机制是市场机制管理资源利用行为的规则。在草场利用过程方面：习俗制度通过社区集体使用和管理草场，协调四季游牧和复杂的日常放牧方式；而市场机制通过草场产权的交易来协调划区轮牧和载畜量管理。在草场利用和管理目标方面，习俗制度从生态的特征角度出发，更多强调适应生态特征来维持畜牧业生产；而市场机制更多从成本效益的激励机制的角度出发，强调通过市场重新配置资源来优化畜牧业生产（如表 2-1）。

综上所述，现有的研究对草场管理中的市场机制和习俗制度特征以及对牧区的社会生态系统带来的影响做出了详细的解读。但是，多数已有的研究只关注单一的市场机制或者是习俗制度在草场管理中的作用，并过于强调两者是不同的管理模式。本书认为其中一个重要的原因是许多学者用二元化观点来看待草场产权的问题，即草场应该私有还是共有。关注习俗制度的研究者认为社区组织是习俗制度的基础，执行草场（使用权）私有化削弱了社区组织在草场管理中的作用，而共有产权能促进社区组织作用的持续发挥。与此相比，牧区的市场机制是草场承包到户或者私有化之后逐渐产生的，因此很多决策者和学者认为草场产权明晰到牧户是市场机制发挥的前提条件。基于此，当草场（使用权）私有化和共有的争议成为相互对立的观点的时候，在分析草场管理治理结构的研究中就相应地出现了这样的现象：过于强调单一的社区习俗制度或者市场机制的作用，却鲜有研究强调市场机制和习俗制度之间存在的互补关系。

表 2-1 社区习俗制度和市场机制在草场管理的作用比较

	习俗制度	市场机制
产权	社区共有	牧户个体所有
特征	基础：社区组织	基础：牧户个体
	社会关系：社区互惠关系	社会关系：产权交易、商品化的社会网络
	激励方式：社会文化的激励机制	激励方式：成本效益的激励机制
草场利用过程	利用单元：社区集体管理和使用草场	利用单元：牧户个体通过产权交易获得草场资源
	方式和过程：四季游牧、复杂的日常放牧方式	方式和过程：牧户之间流转个体草场，协调划区轮牧

表2-1(续)

	习俗制度	市场机制
草场利用和管理目标	生态：保持四季牲畜移动、多样化的畜群结构保护草场	生态：通过激励机制，控制人口和牲畜过多导致的放牧压力，保护草场
	社会：保持资源获取的公平性，社区参与式的解决资源利用的冲突，社区监督草场管理	社会：保持资源权属分配的公平性明晰个体产权，内化资源利用的外部性，牧户个体监督草场管理
	经济：适应当地生态系统的特征和变化来维持生计型畜牧业	经济：整合草场资源，促进规模化畜牧业，提高畜牧业生产

从社会生态系统耦合关系的视角出发，管理草场生态系统的制度需要考虑到社会经济与生态的综合因素（MacLead & McIvor，2006）。在这样一个复杂的耦合系统中，习俗制度和市场机制各自都发挥着重要的作用，是草场管理中的两种资源利用和配置的手段，不同程度上影响着牧民使用、管理和分配草场资源以适应社会生态系统的复杂和不确定性。并且，如上所述，传统的社区习俗制度无法不受市场化发展的影响，其需要面对社区不断演化的事实。同样地，牧区的习俗、信仰和社区组织等社会文化以及草场生态系统的异质性特征是市场机制在草场管理中必须面对的现实。因此，本书认为实际上市场机制和习俗制度在草场管理中可能存在相互作用和补充的关系。目前中国草场管理尚处于市场化发展的初级阶段，需要传统的社会文化与市场在相互适应的过程中找到适宜的规则和制度。这样的规则制度需要突破以往的草场使用权应共有还是私有的争议，与之相应地，草场管理的治理结构研究需要关注市场机制和社区习俗制度的互补性关系。基于此，本书试图通过分析草场管理中的草场流转和放牧配额管理以及背后的激励机制，为我国草场管理带来全新的视角和提出新的思路。

3　案例地介绍与研究方法

3.1　案例地介绍

本研究在青藏高原的草原牧区展开。本书回答的研究问题是随着市场化进程的推进，青藏高原的牧区是否出现新的草场管理模式，即不同于传统的社区共用管理或者国家政策推动的草场承包到户政策，以及在新的草场管理中，市场机制与习俗制度的关系是什么？为了回答这些问题，我们在青藏高原牧区选择了已实施国家推动的草场流转政策的村子和牧民新创造的草场管理制度安排的村子作为案例研究对象。青藏高原牧区仍有很多社区沿用习俗制度来管理草场，而且根据研究小组以往的调查发现，青藏高原很多牧区的社区习俗制度并不是一成不变的，在与市场化共同演进过程中，逐渐产生了多样化的草场管理制度（Gongbueren et al.，2016；Gongbuzeren et al.，2018）。因此，青藏高原草场管理制度演变为本书试图回答的研究问题提供了很好的案例。

根据降水量和气温的分布情况，青藏高原的草原生态系统大致可以分为三类：高寒荒漠草原、高寒草甸草原和高寒山地草原。高寒荒漠草原和高寒草甸草原之间的生态特征具有较大的差异，荒漠草原的降水量变化大，具有夏天热而冬天冷的极端气温，干旱是主要的自然限制因素；高寒草甸草原具有丰富和相对稳定的降水量，但处于高海拔地区，冬季的寒冷和雪灾成为畜牧业生产的主要限制因素。考虑到不同类型草场的生态环境对草场管理制度的形成有影响，本书分别在高寒荒漠草原和高寒草甸草原选取案例研究点。此外，社会经济变化也是导致草场管理变迁的重要因素之一。近年来，随着市场化的逐步深化，青藏高原的社会经济发生了几个方面的变化，包括畜牧业市场化的发展、牧区旅游开发及基础设施的建设等。因此，考虑到牧区社会生态系统的变化特征，本书将在位于青海省的贵南县和四川省的若尔盖县两个案例所在地区开展调研工作。

表3-1 研究区域的自然特征对比

	贵南县	若尔盖县
气候	高原大陆性气候	高原寒温湿润季风气候
海拔/m	3 200	3 500
降水/mm	398. 8	656. 3
蒸发量/mm	1 378. 5	700. 0
气温/℃	年均温：2. 3 1月：-9. 8 7月：13. 1	年均温：0. 7 1月：-10. 7 7月：10. 7
主要自然灾害	干旱、暴雨、冰雹、沙尘暴	寒潮连阴雪、霜冻、冰雹、洪涝（暴雨）、干旱
草场类型	高寒荒漠 高寒草原	高寒草甸 高寒草原 沼泽
畜牧业市场	牲畜交易市场 屠宰厂 中间商 饲料收购厂	屠宰厂 中间商

如表3-1，贵南县属于高原大陆性气候，平均海拔在3 200m左右，年均降水量为398mm，年均蒸发量为1 378. 5mm，年均气温为2. 3℃。主要的自然灾害为干旱、暴雨、冰雹、沙尘暴等，其中干旱是发生最为频繁和危害程度最严重的自然灾害。贵南县是青海省生态畜牧业发展示范县之一，所以其县内的牧民参与畜牧业市场化的程度远高于藏区其他牧区。县城设有两个较大的畜牧业交易市场、屠宰场以及三个饲料生产基地。该县的牧民主要以出栏牲畜、销售畜产品、购买饲料等方式来参与畜牧业市场。

若尔盖县属于高原寒温湿润季风气候，平均海拔在3 500m左右，全县年均降水量656mm，年均蒸发量为700mm。主要自然灾害包括雪灾、寒潮连阴雪、霜冻、冰雹、洪涝（暴雨）、干旱等。雪灾是若尔盖县比较频繁出现的气象灾害。该县因为降水量丰富，年均变化较小，属于整个青藏高原牧区草地生产最好的牧区之一。若尔盖县是四川省最大的牧业县，畜牧业是牧民的主要收入来源。若尔盖县地处我国四川、甘肃两省的交界处，317国道贯穿若尔盖县，毗邻两个国家级机场。目前，政府正在建设一条贯穿若尔盖县的铁路，这条铁路将连接成都和兰州，预计将于2025年完工。近年来，该县牧民参与畜牧业市场的程度较高。县城设有一个较大的肉厂和乳业公司，该县草场资源丰富，当地没有生产饲料的基地，牧民购买饲草料的行为相对少。若尔盖县复杂多样的文化生态景观成为旅游业快速发展的条件之一，随着旅游的发展，人口流动规模不断扩大，城市化、市场化水平不断提高，是全域旅游的先行示范区。

两个案例县都在经历着不同的市场化进程，具备市场化的发展中经历社会经济变化最大的案例代表性。经过我们的实地调查发现，两个案例县采取了不同的草场管理模式来应对市场化带来的变化，其中常见的管理模式为草场经营权流转和基于社区的放牧配额管理。因此，本书在每个案例县选取了两个生态系统和基本的社会条件相似且实施了两个不同的草场管理模式的案例村。具体案例村的情况，将在下面分别对其自然环境和社会经济状况以及草场利用和管理制度的变迁做详细介绍。

3.1.1 案例一：青海省贵南县案例村介绍

位于青海省海南藏族自治州贵南县的两个案例村，分别为 GA 村（N35°35′01″，E100°43′18″）和 GB 村（N35°54′42″，E101°16′35″），相距 50 千米，具有相似的生态环境特征。贵南县的两个案例村的草场类型分别为高寒荒漠草原（主要建群种为薹草、赖草和小针茅）和高寒草原（主要建群种为矮嵩草和小针茅）。高寒荒漠草原主要是冬季草场和春季草场，位于海拔较低的平原。高寒草原主要为夏季草场，平均海拔在 3 700m 左右，均为山地和峡谷。两个村的秋季草场，也称为中季草场，具有高寒草原特征，平均海拔在3 400m 左右，牧草生长相对较好，传统上被用作秋季牲畜抓膘的草场。

表 3-2 展示了 GA 村和 GB 村的人口组成、草场面积以及牲畜数量。贵南县的两个案例村均拥有牦牛和藏绵羊，羊的数量较多，牛的数量较少。在 2014 年，GA 村共有 106 户，440 人，其中有 17 户是无畜户，全村共有草场 8 万亩，共有 11 318 只羊和 1 388 头牛。GB 村共 431 户，约 2 000 人，其中有 20 户是无畜户，全村共有草场 23 万亩，共有 60 000 只羊和 6 000 头牦牛。两个村的人均草场面积和人均牲畜头数接近。

表 3-2 GA 村和 GB 村的基本情况对比（2014 年）

村名	人口	户数	牲畜数量			总草场面积/万亩	人均草场面积/亩	人均羊单位
			羊/只	牛/头	羊单位			
GA 村	440	106	11 318	1 388	18 258	8	180	42
GB 村	2 000	431	60 000	6 000	90 000	23	115	45

注：1 头牛 = 5 个羊单位。

畜牧业是 GA 村和 GB 村的主要收入来源。2014 年的数据显示（如

图 3-1），畜牧业收入占户均年收入的 75% 以上。其次收入来源是草原相关的国家补贴以及从草原获得的其他资源（如药材等）。虽然两个案例村都有通过务工和工作的形式获得收入，但比例相对较低。这两个案例村的牧民主要从事畜牧业生产，而获得其他收入的比例相对较低。两个村的收入结构方面没有太大的差异，两个村居住的草场生态特征也比较相似。

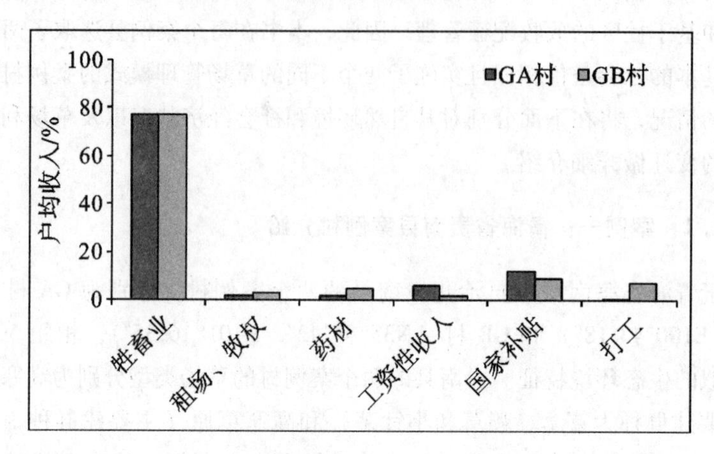

图 3-1　2014 年贵南县 GA 村和 GB 村的收入结构对比

3.1.2　案例二：四川省若尔盖县案例村介绍

位于四川若尔盖县的两个案例村，分别为 RA 村（N33°46′28″，E102°58′08″）和 RB 村（N33°56′20″，E102°56′38″），相距 10 千米，具有相似的生态环境特征。两个村的草场类型均包括高寒草甸（主要建群种矮嵩草、藏嵩草、小针毛）、高寒草原（羊茅、小针茅、早熟禾等）和湿地（藏嵩草、矮嵩草）。高寒草甸主要为夏季草场和牦牛的春季草场，具有丰富的产草量，利于牲畜抓膘时期提高生产量。高寒草原为冬季草场和秋季草场，均为峡谷，产草量丰富，冬季温暖。湿地产草量丰富，但夏季水位高，牲畜难以进入，因此用于羊的春季草场。

表 3-3 展示了若尔盖 RA 村和 RB 村的人口组成、草场面积以及牲畜数量。2014 年，RA 村共有 203 户，约 1 000 人，相对而言，RB 村的人口和户数少一点，2014 年全村共有 140 户，802 人。两个村的主要牲畜是牦牛和藏绵羊。RA 村共有 16 000 只藏羊，15 000 头牦牛，总草场面积是 30 万亩。RB 村共有 20 180 只藏绵羊和 6 000 头牦牛。

表 3-3　比较 RA 村和 RB 村的基本情况

村名	人口	户数	牲畜数量			总草场面积/万亩	人均草场面积/亩/人	人均羊单位
			羊/只	牛/头	羊单位			
RA 村	1 000	203	16 000	15 000	91 000	30	300	91
RB 村	802	140	20 180	6 000	50 180	18	224	63

注：1 头牛=5 个羊单位。

如图 3-2 所示，若尔盖县两个案例村的主要收入来源为畜牧业生产，分别在 RA 村和 RB 村占 74%和 82%。两个案例村也有其他的收入来源，包括旅游收入、工资性收入、国家项目补贴和务工收入。虽然，若尔盖县的这两个案例村主要依靠于畜牧业生产，但同时其他的收入来源也处于被不断开发的过程中，尤其是牧区旅游开发对牧民收入的贡献。此外，这两个村的工资性收入也比较高，这里的工资性收入主要来源于在国家机构工作的牧户家庭成员以及在旅游公司等单位里有长期稳定工作的工作人员。两个案例村离县城的距离也比较接近，随着旅游的发展，两个案例村的一些年轻人开始前往县城务工。因此，无论是两个村居住的生态环境特征，还是牧户家庭的基础信息以及收入结构方面，都有相似之处。两个村的人均草场面积和人均牲畜头数接近，牧户收入结构的差异较小，草场生态比较相似，因此为本书提供了可对比的分析案例。

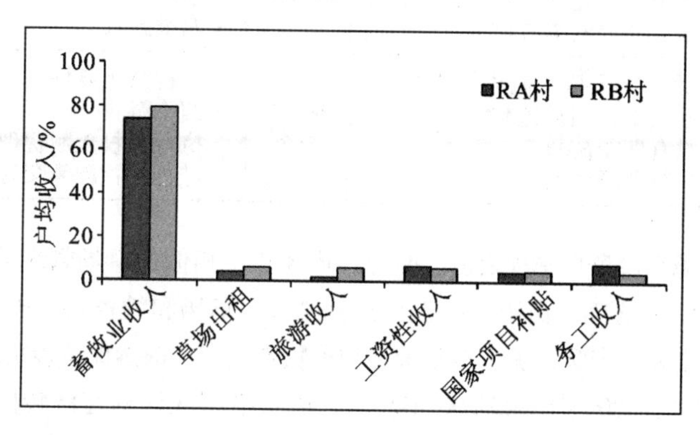

图 3-2　2014 年若尔盖县 RA 村和 RB 村的收入结构对比

3.2 草场管理的变化情况及原因

3.2.1 案例一：草场管理变化

从上述介绍可以看位于贵南县的两个案例村具有相似的自然环境和社会经济的特征。但根据调研发现，自1999年后，两个村在草场管理制度方面开始出现完全不同的路径，见表3-4。

表3-4 贵南县GA村和GB村的草场管理的制度变化

GA村		GB村	
年份	草场流转	年份	放牧配额管理
1958—1983年	·人民公社制度 ·生产队管理草场 ·四季游牧	1958—1983年	·人民公社制度 ·生产队管理草场 ·四季游牧
1984—1999年	·牲畜私有 ·全村共用草场 ·四季游牧	1984—1999年	·牲畜私有 ·全村共用草场 ·四季游牧
2000—2008年	·冬季草场承包、夏季联户经营 ·冬季草场建立围栏明确边界 ·四季变成两季游牧	2000—2008年	·冬季草场承包、秋季和夏季草场全村共用 ·四季游牧
2009年至今	·夏季草场进一步细分到户 ·建立围栏明确边界 ·没有四季游牧 ·执行草场流转	2009年至今	·全村共用草场 ·四季游牧 ·执行放牧配额管理 ·进行放牧配额交易

推行草场承包到户制度之前，两个村均经历了相似的草场管理的制度变迁。在1953—1983年之间，由于实行人民公社制度，草场和牲畜均为国家所有，而过去的部落改为生产队，负责草场管理和畜牧业生产，依然保持传统的四季游牧方式。自20世纪80年代初到90年代末，随着中国从计划经济转向市场经济，人民公社制度解体，生产队改为村，牲畜分配给牧户，而草场承包到村，由村集体管理和使用草场。在上述两段时期内，虽然草场和牲畜的所有权发生了变化，但是以村为单位的社区组织是基于过去的部落时期的社区组织形成的。因此，社区内部的草场管理、放牧方式等方面没有发生较大变化，依然保持社区共同管理和使用草场，其中社区组织、互惠关系和季节性游牧等习俗制度在草场管理中依然发挥着重要的作用。

自20世纪90年代末开始，青藏高原牧区开始实施草场承包到户的政策，两个村的草场管理制度开始出现差异。1999年，GA村被选为草场承包到户政策执行示范村，过去的四季草场整合分成两季草场，冬季草场承包到户，而夏季草场根据牧民自愿的原则，组织联户经营。随后，GA村出现了一些自愿且小规模的草场流转。2008年，国家开始规范和大力推广草场流转，草场的市场价值迅速增加，GA村进一步将夏季草场也细分到牧户，牧户草场之间建立围栏，明晰边界，并通过草场流转来获取草场资源。从近几年的租场情况来看（如图3-3），GA村的租入和租出草场户数在持续增加，并且，村内租场竞争越来越大，很多牧户已开始到其他乡的牧区租入草场，说明草场流转逐渐成为该村草场资源利用和分配的主要手段。

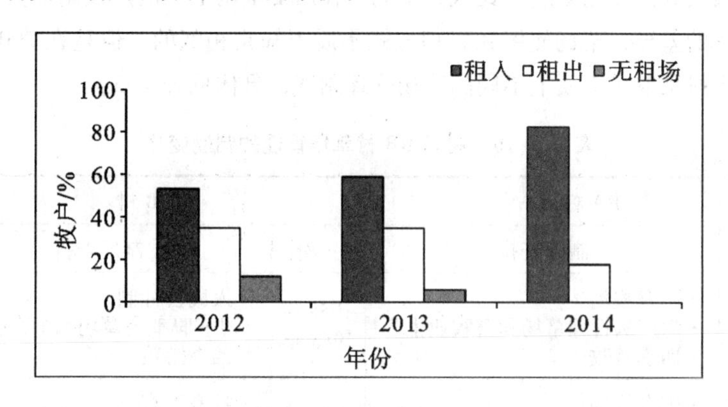

图3-3　2012—2014年GA村租场户数比例以及租场形式的变化

与GA村不同，GB村虽然在1999年也开始执行草场承包到户的政策，给每户发放了草场承包合同书，但在实际的草场管理中，只有冬春季草场承包到户，而夏季和秋季草场依然保持全村共用，社区依旧在草场资源使用方面发挥重要作用。2008年起，随着国家推行流转制度，草场进入市场成为可交易的商品，草场的市场价值迅速提高，GB村的牧民开始提出将没有承包到户的共用草场的相关权属明晰到户，但同时又不想失去社区共用草场下的牲畜移动和放牧方式。因此，GB村从2009年开始执行了社区内部放牧配额管理措施，具体为：在保持社区共用草场的同时，夏季草场和秋季草场在社区的组织下，根据每年的草场生长情况确定全村草场面积能够承载的牲畜总头数，计算每一亩草场能承载的牲畜数量；然后基于各户草场承包到户合同上所拥有的面积来分配各牧户的放牧配额，其中超载的牧户按社区统一规定的价格对未超载或者无畜户进行补偿。补偿的具体规则为：在夏季草场和秋季草场总体保证草畜平衡的情况下，村委会和有经验的牧民在全村的监督下，根据每户实际草场面积核算每户应该的牲畜数量和统计每户的实际牲畜数量，确定每户是否超额。若超额则需要补交相应的费用，其中价格标准由全村每户出一个人开会决定。补偿金先交到村里，在年末的全村大会中，依据相应的标准对未超载的牧户和无畜户提供补偿资金。若有牧民违规，则会受到相应的罚款和社会文化两方面的惩罚，后者甚至包括逐出村内社会文化圈。因此，这两个案例村具有相似的社会经济与生态的特征，却执行了完全不同的草场管理制度，为我们的研究提供了可对比的案例。

3.2.2 案例二：草场管理变化

位于若尔盖县的两个案例村具有相似的自然环境和社会经济的特征，但如今他们所实施的草场管理模式截然不同。在历史上两个村的产权制度安排尽管存在较大的差异，草场使用和管理方式本质上却是相似的，但是在2009年之后，两个村采取了本质上不同的草场管理制度，具体见表3-5。

表3-5 RA村和RB村草场管理的制度变化

<table>
<tr><th colspan="2">RA村</th><th colspan="2">RB村</th></tr>
<tr><th>年份</th><th>制度安排</th><th>年份</th><th>制度安排</th></tr>
<tr><td>1958—1983年</td><td>·国有牧场
·生产队管理草场和畜牧业生产
·四季游牧</td><td>1958—1983年</td><td>·人民公社制
·生产队管理草场和畜牧业生产
·四季游牧</td></tr>
<tr><td>1984—2000年</td><td>·国有牧场
·牲畜私有
·集体管理和利用草场
·四季游牧</td><td>1984—2008年</td><td>·牲畜私有
·草场承包到村
·全村共用草场
·四季游牧</td></tr>
<tr><td>2001—2008年</td><td>·国有牧场解体，正式成立阿西村
·牲畜私有，草场承包到阿西村
·四季游牧</td><td rowspan="2">2009年至今</td><td rowspan="2">·全村共用草场
·明晰放牧配额，进行放牧配额管理
·四季游牧
·实施贷畜手段</td></tr>
<tr><td>2009年至今</td><td>·草场承包到户
·建立围栏明确草场边界，没有四季游牧
·执行草场流转</td></tr>
</table>

20世纪50年代之前，RA村是个小部落，在使用和管理草场方面具有与RB村同样的习俗制度。从20世纪50年代开始，RA村成立为国营牧场，在政府的组织下让多个附近其它牧区的富裕户来参与，提高国营牧场的畜牧业生产力。国家拥有草场和牲畜，建立生产队，集体管理和使用草场，但是仍然保持

四季游牧的草场利用方式。1984 年，随着从计划经济转向市场经济，牲畜开始分配到牧户个体，草场承包给 RA 村集体，但该村依然是国营牧场，牧场归于集体管理和使用。从 2000 年开始，国营牧场解体，RA 村正式成立为村，草场承包给村，全村公共管理和使用草场，保持四季游牧等放牧方式。随着市场化的发展，RA 村也面临着各种变化，包括牲畜数量增加对畜牧业生产和草场生态产生的负面影响，旅游开发和草场经营权交易市场的开发为牧户个体创造了多方位的盈利空间，因此村内牧户个体也要求明晰草场产权，尤其是村内的很多贫困户认为与村内多牲畜的大户一起共用草场会对他们不公平，从而要求草场承包到户。在草场资源分配与管理面临诸多问题后，2009 年 RA 村决定全村将草场承包到户，过去的四季草场整合，给每户分一块大的草场，牧户之间建立围栏来明确边界。放弃了过去的四季游牧，每个牧户在自己的草场上进行放牧。随后，全村大范围地执行草场流转，牧户之间进行草场使用权的交易。据 2012—2014 年的数据显示（如图 3-4），RA 村的租入和租出草场户数持续增加，并且村内租场竞争越来越大，很多牧户开始到其他乡的牧区租入草场，说明草场流转逐渐成为 RA 村草场资源利用和分配的主要手段。

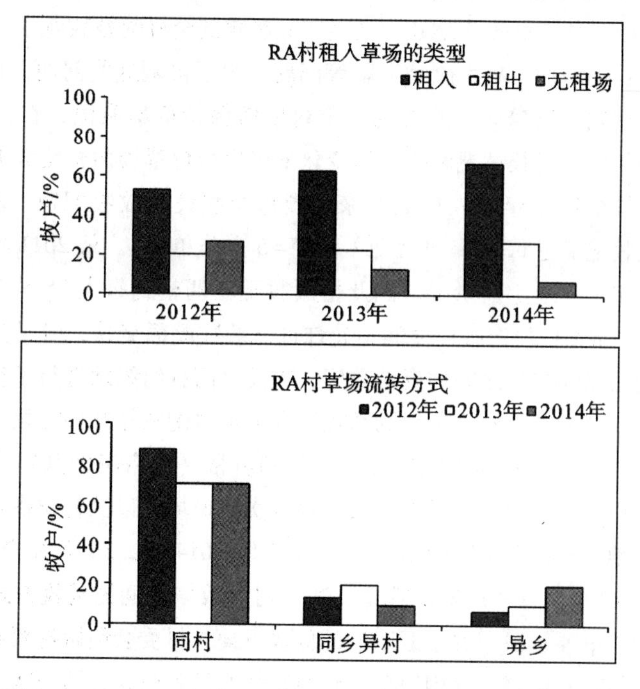

图 3-4　2012—2014 年 RA 村租入草场的类型和草场流转方式

20 世纪 50 年代初，RB 村与藏区的其他牧区村子一样，传统的部落转变为生产队。原部落被分为两个畜牧业生产队，执行人民公社制度，草场和牲畜为国家所有，生产队负责草场管理和畜牧业生产，保持传统的四季游牧。从20世纪80年代初到90年代末，随着中国经济从计划经济转向市场经济，人民公社解体，生产队改为村，牲畜分配给牧户，草场承包到村，由RB村集体管理和使用草场。在上述两个时期，虽然草场和牲畜所有权发生了变化，但是以村为单位的社区组织沿用了过去部落时期的社区组织形式，所以社区内部的草场管理、放牧方式等方面未发生太大的变化，依然保持社区共同管理和使用草场。社区组织、互惠关系和四季游牧等习俗制度特征在草场管理中依然发挥重要的作用。

从20世纪90年代末开始，青藏高原的很多牧区开始实施草场承包到户的政策。然而，在RA村，虽然给每户发放了草场承包的合同书，但实际的草场管理中依然保持全村共用草场。2008年起，随着国家推行流转制度，草场使用权被市场化，RA村的很多牧民提出共用草场导致资源分配的不公平性问题，要求牧户个体拥有明晰的草场权属，但同时又不想失去社区共用草场下的牲畜移动和方式。另外，牧民开始意识到市场化发展对畜牧业生产规模的需求促进了全村牲畜数量的逐步增长，已经明显影响到全村的畜牧业生产，出现了包括牲畜死亡率增加、牲畜膘情下降等问题。为了协调这些问题，RA村2009年开始执行放牧配额管理。具体为：全村依然保持草场共用；在社区的组织下，根据每年的草生长情况和降水量变化来确定全村草场面积能够承载的牲畜总数；然后按全村每年的人口数量来明晰每个牧民的放牧配额。2009—2011年之间，放牧配额是每人15头牛（1头牛=5个羊单位）。从2011年开始，因为降水量稳定，草地生产量好，因此把放牧配额调整到每人18头牛。2009—2014年之间，RA村规定牧户之间不允许进行放牧配额交易，但是为了协调牧民的放牧配额以及牧户之间的资源分配，牧民之间自组织地进行了贷畜和牲畜代养的方式。其方式是，当牧户的总牲畜数量超过配额标准的时候，通常把幼畜（一岁的羊羔和两岁的牛犊）以协商好的价格（比市场价低）贷给没有超标的贫困牧户。贫困户一年后把贷入的牲畜卖给市场，以当初协商好的贷畜总价不计利息地归还给牲畜贷出的牧户。比如，2014年，30个牧户样本量中，有12户贷入牲畜，有9户贷出牲畜，所以村内牧户之间的贷牧方式是该村协调放牧配额的重要手段。关于载畜量的监督方面，村委会包括村领导和有经验的牧民负责执行和监督。村内每年进行两次牲畜数量核算，第一次是在每年的5月份，第二次是每年的10月份。每次核算牲畜数量的时候村委会核算每户的牲畜数量，5月份的核算中不包含当年的羊羔，而10月份的核算中包含了当年的羊羔，但不包括当年的牛犊。每次核算牲畜的时候，每户要向村集体承诺，没有采取任何欺骗行为。对于违规的牧民，要求以低价卖给没有超载的贫困户，并会受到相应的罚款和社会文化两方面的惩罚，后者甚至包括逐出村内社会文化圈。

3.2.3 采取不同管理模式的原因

本书的四个案例村都采取了不同的草场管理措施。GA 村和 RA 村实施了基于市场机制的草场流转，牧户之间进行草场使用权的交易。GB 村在明晰放牧配额的基础上，村内的牧户之间进行放牧配额的补偿。RB 村在明晰放牧配额基础上，牧户之间通过贷畜的手段来协调牲畜在各户之间的分配。本书通过牧户感知率的调查来了解为什么不同的村会选择不同的草场管理模式。

贵南县的 GA 村和若尔盖县的 RA 村都同样执行了基于市场机制的草场流转，牧户之间的草场使用权交易是两个村进行草场资源分配的重要市场手段。那么两个村租入和租出草场背后的原因是什么？牧民参与草场流转的主要激励因素是什么？访谈结果显示（如表 3-6），GA 村和 RA 村的租入草场牧户中，分别有 62%和 80%的牧户认为草场承包后，长期在自家草场放牧对草场和畜牧业生产不利，因此租入草场来让自家草场休息，恢复草场生长情况。GA 村有 92%的牧户和 RA 村 90%的牧户同时也提到，租入草场的关键原因是，“自家牲畜多，并且牛羊喜欢在更大的草场上移动，因此，自家分到的草场不够，需要租入草场”。牛羊的食草行为对牛羊的繁殖率和生产率有直接的影响，而牛羊需要在不同季节的草场之间进行移动，啃食不同的草场植被才能满足他们的生产需求，因此，GA 村和 RA 村实施草场承包后租入草场成为唯一的手段来增加时空尺度上的牲畜移动。尤其是在干旱和雪灾时期，为了维持畜牧业生产以及降低牲畜死亡率，村内租入草场的牧户数增加，竞争力大，很多牧民需要到其他村或者乡的草场去租场。根据租入草场牧户的访谈结果来看，牧民租入草场的主要原因是两个村执行草场承包制度后，牧民试图通过恢复牲畜移动来维持畜牧业生产以及保持自家草场可持续利用。

我们同样访问了牧户租出草场的原因。租出草场牧户的访谈结果显示，大部分牧民草场承包后，他们自己没有资金能力来增加牲畜数量或者租入草场来提高畜牧业生产，因此租出自家的草场来获取收入、维持生计。同时，GA 村 33%的牧户和 RA 村 37.5%的牧户提到，草场承包后，很多新成立的家庭因分到的草场面积小，无法放牧，因此，只能选择到乡镇和县城寻找其他的收入来源。由此可见，对于贫困户来讲，租出草场成为维持生计主要的收入来源。

表 3-6 GA 村和 RA 村牧户租入、租出草场的原因

	户数		牧民描述举例
	GA 村	RA 村	
租入草场的原因	GA 村 13 户；RA 村 20 户		
转移放牧压力	62%	80%	长期在自家草场放牧对草场不好，租入草场来让自家草场休息，恢复草生长情况
牲畜多草场不够	92%	90%	自家牲畜多，牛羊都需要在更大（空间）的草场上移动；自家分到的草场不够用，准备春季时用来恢复牲畜膘情
草场位置不便		20%	草场分配的时候，自家草场分到湿地中间，夏天难以使用，所以租入草场作为夏秋草场
躲避自然灾害	38%	30%	今年春天干旱严重，自家草场不足以恢复牲畜膘情，所以到其他村租入草场 这几年冬天雪灾比较严重，自家分到的草场在山地，所以需要在相对比较暖和地方租入草场过冬
租出草场的原因	GA 村 6 户；RA 村 8 户		
自家有多余的草场	100%	75%	草场承包后，我们没有资金能力来增加牲畜数量或者租入草场来提高畜牧业生产，因此租出自家草场来获取收入
转移生产方式	33%	37.5%	我们是新成立的家庭，牲畜少，分到的草场面积也小，所以，无法以放牧为生，因此放弃畜牧业，租出草场后，到乡、县务工获取收入
还贷款		50%	我们牲畜少，收入低，每年需要贷款来维持生活。租出草场的收入用来还贷款

注：因为部分牧户租出、租入草场涉及多个原因，故此处的户数加总起来不为全村租入和租出草场的牧户总数。

专栏 3-1：RA 村采取草场流转的原因

KZ，今年 56 岁，曾担任 RA 村村支部书记。在 2012 年 7 月 11 日的访谈中他提到，“在旧社会，我们家是属于另一个部落的。而 20 世纪 50 年代末，国家在这里（RA 村）成立国营牧场的时候，我们家因为牲畜多，被收集到国营牧场，成为国营牧场的生产队之一。我们村有一半以上都是这样从其他牧区乡收集过来的富裕户，目的就是建立国营牧场来增加畜牧业生产。2001 年，国营牧场被解体，正式成立 RA 村，全村共用草场。我也是在这个时候担任村支部书记的职位的，然而，因为村内牧户之间的牲畜数量的差别大，而草场全村一起使用，因此，村内一直出现很多冲突，很多牧民不愿意听村领导的安排，出现每年违规四季转场等问题。我们几个村领导也试图去协调村内的冲突，但效果不明显。因此，2008—2009 年期间，随着国家再次推动草场承包到户制度，全村统一执行了草场承包到户的政策，这样牧户可以使用自家的草场，不需要因为草场利用的不公平而在村内进行争议和制造冲突等”。

——2012 年 RA 村访谈记录

另外，RA 村实施社区自组织的草场承包到户的原因还存在一个突出的因素。专栏 3-1 的牧户访谈记录显示，该村成立为国营牧场的时候，很多牧户都是从若尔盖县的其他牧区乡镇聚集过来的，而并非属于传统上的部落。成立国营牧场后，国营牧场内部牧户之间的分工和利益分配都是自上而下而非牧场自组织形成的。因此，RA 村被成立为村后，虽然全村共用草场，但村内牧户之间的关系并非很好，草场资源利用方面一直存在冲突，并且村组织解决问题的能力也相对较差，村内很多个体也不遵从村领导的安排。因此，在 2009 年，跟随国家推进草场经营权流转的政策，该村采用了将草场承包到户的管理模式，并且村内出现了大量的草场流转现象。如今牧户个体需要获取更多的草场，只能通过市场手段解决，甚至父子之间也只有洽谈好费用，才能使用彼此的草场来放牧。

与上面两个案例村相比，贵南县的 GB 村和若尔盖县的 RB 村执行了基于社区的放牧配额的管理，保持社区共用草场的基础上，明晰了放牧配额，采取不同性质的市场机制来分配放牧配额。根据两个村的牧户访谈结果显示（如表 3-7），GB 村 67%的牧户和 RB 村 85%的牧户都提到，当国家推进草场流转政策，周边很多牧民村开始有机会租出草场来获取收入的时候，本村的很多牧民，尤其贫困户开始提出草场分配的要求。然而，全村大会中大部分牧民都认可全村共用草场能维持四季游牧的放牧方式，对牲畜和草场都有好处，但同时也不能忽略个体牧户的要求，因此决定继续维持社区共用草场的基础上执行放牧配额管理。这样，村内的贫困户也有一定补偿，所以对他们也相对公平。其次，也有很多牧户，尤其是RB村83%的牧户提到，近来全村的总牲畜数量在持续增加，导致草场不足，这已经明显地影响了畜牧业的生产，因此，村内决定通过放牧配额的手段控制牲畜数量。另外，两个村的牧户都有提到，执行放牧配额的补偿及贷畜等手段可以维持村内的亲缘关系。在RB村，采取贷畜和代牧除了可以帮助贫困户增加收入以外，也有43%的牧户提到，牲畜数量控制后幼畜数量是每年的超载放牧配额的重要因素，但因为信仰原因，不能把幼畜卖到屠宰场，因此，选择贷畜。

表3-7 GB村和RB村执行放牧配额管理的原因

放牧配额管理的原因	户数		牧民描述举例
	GB村（30户）	RB村（30户）	
维护全村共用草场	67%	85%	周围的村开始执行草场承包和租场规则后，本村的很多牧民要求承包，但我们也清楚全村共用草场能维持四季游牧的方式，对牲畜和畜牧业生产好。因此，为了维护全村共用草场而执行了放牧配额管理。这样对村内的贫困户也公平
控制牲畜数量	13%	83%	近来牲畜数量增加，草场不足，牲畜死亡率升高，畜牧业生产下降，需要控制全村的牲畜数量
帮助亲友	30%	50%	GB：我们村内的很多牧民都有亲缘关系，因此，提供放牧配额补偿能为他们提供收入 RB：控制牲畜数量后，很多贫困户没有资金来提高牲畜数量，因此贷出牲畜帮助他们提高牲畜数量，获取收入
避免屠宰幼畜		43%	控制牲畜数量后，自家每年有很多幼畜超载，虽然屠宰场给的价格高，但因为我们的信仰上不能卖出小畜，因此通过贷畜方式协调牲畜数量

注：因为部分牧执行放牧配额管理涉及多个原因，故此处的户数加总起来不为全村租入和租出草场的牧户总数。

基于上述的分析，本书发现草场经营权流转的市场机制推出后，牧民对草场资源的用途、价值、服务都有不同的看法，从而在管理方面引起了较大的变化。虽然四个案例在执行草场流转和放牧配管理的原因方面存在一些差异，但也有几个突出的共同点，GA村和RA村实施草场流转的主要原因是草场承包到户后试图通过恢复牲畜移动来获取不同时空尺度上的草场资源，维持畜牧业生产及可持续地利用自家草场。另外，贫困牧户因没有资金能力提高畜牧业生产，所以租出草场来获取收入、维持生计。与此相比，执行放牧配额的 GB 和 RB 村，为了维护持续社区共用草场来协调四季游牧等放牧方式，决定明晰牧户个体的放牧配额，从而个体牧户有一定的权利来获取补偿或者在没有资金的前提条件下能通过贷畜来提高自家的收入。因此，随着市场化的发展，这四个案例村除了维持和提高畜牧业生产效率，还试图实现公平性的草场资源利用和分配，从而缩小贫富差距，提高牧民生计。其次，采取不同的方式来试图维持或者提高畜牧业生产并可持续地利用草场资源。

3.3 案例调研及数据获取

3.3.1 田野调查设计

本书使用的数据是在两个时间段的实地调查中获得的。第一个时间段中，笔者从 2011—2014 年连续四年对贵南县的 GA 村和 GB 村、若尔盖县的 RA 村和 RB 村进行调研，调研内容包括案例村所采取的草场管理制度的特征，探究不同管理制度背后的原因以及不同草场利用和管理制度对于牧民生计、畜牧业生产、牧区社会发展（如贫富差距、草场生态以及牧民信贷行为）的影响。笔者主要采用针对牧户的参与式观察、半结构式访谈以及史料收集和政府部门访谈的方法开展研究。在牧户调查方面，首先根据牧户所拥有的牲畜数量，采取分层随机抽样的方法来选择样本牧户，其中包括同等比例的贫困户、中等户和富裕户（如表 3-8）；其次通过对选取的牧户采用参与式观察、半结构式访谈的方法进行数据的获取。2011 年首次对调研案例村进行调研，并在 2012 年、2013 年、2014 年连续三年对其样本进行追踪，获取相关的数据。政府部门方面，走访调研地区的草原监理站、畜牧局以及气象局和林业局等相关部门，深入了解当地草原管理的政策背景及执行情况，获取相关文件和监测数据。第二个时间段，基于以往的调研，2018 年笔者及课题组发现，若尔盖县近年来旅游业发展速度快，不同的草场管理制度对牧民如何参与旅游业也有影响。因此，除了 2012—2014 年之间的数据以外，本书还利用 2018 年收集的数据来分析不同的草场管理制度对案例村的牧民参与旅游业的影响。

表 3-8　四个案例村的牧户访谈抽样比例

县名	村名	调查时间	样本户	抽样比例
贵南县	GA 村	2011 年 6-9 月	23	21%
	GB 村	2012 年 6-9 月	38	11%
若尔盖县	RA 村	2013 年 6-10 月	30	22%
	RB 村	2014 年 6-10 月	30	22%

3.3.2　野外样地设置

草场植被方面，本书采取了样方法实地测量植被盖度、高度和物种多样性。具体方法为：对于实施了放牧配额管理的两个案例村——GB 村和 RB 村，在全面勘察的基础上，根据地貌和坡向特征将每个案例村的夏季和冬季草场分为山坡和平原类型，并在不同类型草场分别选择地理位置紧邻的三个采样点（reference site），每个采样点拉 1 000 米长度的样线，沿着样线的方向设置 3 个“15m×15m”大样方，每个大样方里选取 9 个“1m×1m”的小样方。在每一个小样方内，记录物种数、每种物种的高度和盖度、地表裸地、鼠兔洞数量等。对于已经实施草场流转的两个案例村——GA 村和 RA 村，在每一个草场类型选取了地理位置紧邻的、不同使用性质的草场，具体为：①短期流转（一年以内）；②长期流转（2 年及以上）；③自用草场（没有租入或租出的牧户草场）。从每个不同使用性质的草场里选取了三个采样点，分别位于草场的两个边界和中间。具体的样方法与上述一样。在 2012 年调查时对所选择的样点进行了 GPS 定位和实地标注，并在 2013 和 2014 年对其进行了重复调查，以观察相应的指标变化量。

3.4　数据分析

本书案例通过对比分析研究了不同的草场生态特征下，草场流转和放牧配额管理对牧区社会生态系统带来的影响及背后的激励机制，讨论了草场流转和放牧配额管理的区别。根据牧户访谈，了解到虽然每个县的两个案例村采取的管理制度不一样，但是其试图实现的草场管理目标却是相似的：通过可持续利用草场资源提高畜牧业生产，改善牧民生计，缩小贫富差距以及减少对草场生态的破坏。因此本书将从牧民生计、畜牧业生产、贫富差距和草场生态等四个方面对案例村不同的草场管理制度带来的影响进行了分析。四个案例村的收入结构分析显示，畜牧业生产依然是牧民的主要收入来源。虽然案例村也有一些其他的收入来源，但所占的比例非常小，均低于总收入的5%。此外，草场管理的制度变化与畜牧业生产和草场生态有着直接的关系。因此，本书在分析两个不同草场管理模式对牧民生计和贫富差距影响的时候，主要采取了与畜牧业生产相关的指标。

在牧民生计方面，以牧户的畜牧业资产为评价指标，由三方面组成：牧户年均畜牧业纯现金收入、畜产品自消费折合资产和年末牲畜存栏数量折合资产。

在畜牧业生产方面，采用的指标包括畜牧业生产量、牲畜死亡率和畜牧业生产收益率。牲畜死亡率反映每年每户的牲畜死亡数占总牲畜数量的比例；畜牧业生产量以牧民感知的产奶量和牲畜膘情的变化作为指标；畜牧业生产收益率指牧户年均总畜牧业资产与畜牧业生产直接产生的总成本的比值。

在贫富差距方面，本书主要分析样本牧户的畜牧业资产分布情况来比较两个村的资产分化程度。

在草场生态方面，本书采用了植被群落结构的变化来分析每个案例村不同的草场利用方式对草场生态带来的影响。在植被群落结构方面，根据畜牧业生产的需求，本书中植被群落分三种类型：多年生禾草、牲畜可食杂草和牲畜不可食杂草。由于鼠兔在青藏高原是草场退化的指征之一，本书同时统计了样方中鼠兔洞的个数以及裸地面积。根据每个案例的草场利用方式的不同，本书先比较了每个村三类样地之间的植被类型的植被群落特征（包括盖度、高度和物种丰富度）以及鼠洞个数和裸地，然后对比分析植被群落结构。关于植被群落结构的分析，本书比较每个案例村内的三个样点之间的各物种体积比①，使用下述公式计算各物种的体积比，对物种体积比进行排序，识别优势种，并计算顶级群落的优势种和退化指示种的平均体积比。根据体积比例的排列，本书试图分析每个不同的草场利用方式引起的植被群落结构的变化以及草场退化程度的变化。

物种 i 的体积比：

$$D_i = \frac{H_i \cdot C_i}{\sum_{i=1,\ \cdots,\ j} H_i \cdot C_i}$$

① 常规的生态学监测中计算优势度时一般采用生物量或者“（生物量+体积比）/2”来计算。受研究条件限制，本研究使用了体积比。体积比反映了植物占据的空间的比例，而其占据的空间反映了其可获得的资源（尤其是光照）的大小，因而能体现其竞争优势。

其中 H_i 和 C_i 分别为物种 i 的高度和盖度，j 为样方中的物种总数。

牧民信贷行为方面，本书以若尔盖县的 RA 村为例，在草场经营权流转的影响下，分析牧民的信贷行为，深入分析牧民的牧民借贷现状、还款情况、贷款使用情况，并探讨了 RA 村执行草场流转政策后陷入贷款陷阱的影响因素。

社区参与旅游方面，本书主要分析了位于若尔盖县的两个案例村的草场管理制度下，牧民如何参与旅游，主要通过分析参与方式和牧户个体的旅游收入来对比两个村参与旅游的差异，并分析不同的管理制度如何产生不同的影响。

4 理论分析框架的建立

本章将建立理论框架，试图回答本书提出的两个学术问题：草场流转和基于社区的放牧配额管理背后的激励机制中，市场机制和社区习俗制度的关系是什么？草场管理中，放牧配额与草场使用权的区别是什么？针对第一个学术问题，本章采取制度嵌套性视角来解读市场机制与社区习俗制度之间的关系，来解读草场流转和放牧配额管理产生的不同影响的机制。针对第二个学术问题，本章采用环境效用获取理论来解读草场管理中放牧配额与草场使用权的区别。本章先了解了社会生态系统变化中制度变迁与发展的特征，在此基础上提出制度嵌套性视角和环境效用获取分析框架来回答本书提出的两个学术问题。

4.1 自然资源管理中的制度变迁

社会系统和生态系统在长期的相互影响和相互整合的演化中形成了复杂的耦合关系（Berkes & Folke，1998），并且两者间具有非线性和复杂的反馈机制。耦合的社会生态系统（coupled social-ecological system）既不存在唯一的均衡状态，也不认同一个系统受到干扰后一定能恢复到均衡状态。通过对社会生态系统耦合关系的认识，有研究在自然资源管理方面提出了以下几个新思路（范明明，2015）：第一，人与自然之间的紧密联系和相互影响作用并不是简单的线性关系，但是这两者之间的关系在自然资源管理中非常重要；第二，社会生态系统具有复杂的等级结构关系，人与自然的相互作用也发生在多个尺度上，比如大范围的气候变化会在区域尺度内带来复杂和多样性的影响。因此，单一的关注或干预一个尺度上的变化可能会导致在另一个尺度出现问题；第三，社会生态系统具有很强的不确定性和复杂性，任何的干扰效果都难以预测，因此自然资源管理需要具有适应性和弹性。

社会生态系统的变化包括全球贸易和气候变化等，具有多尺度上的效益。

社会生态系统在时空尺度上的多变性和复杂性既需要通过制度管理的动态特征来应对（Folke，2003；Holling，2004），也需要从不同维度关注不同制度之间的关系及其与社会生态系统变化之间的匹配性问题。制度是协调和塑造人与自然之间关系及相互作用的条件，那么认识和了解自然资源管理中的制度变迁与发展显得至关重要（Gongbuzeren et al.，2018）。

制度指的是一个社会行为发生的根据、准则（Smelser & Swedberg，2005；Ostrom，2005），是限制和塑造人与人之间、人与自然之间的关系和相互作用的约束条件（North，1990），是一个社会群体共同拥有的信仰、道德、价值观的体系（Smelser & Swedberg，2005）。制度关注个体或者集体行动者如何采取社会行为，制度协调这些行为的约束条件并且通过不同的社会网络来执行、监督、制裁和保障这些约束条件。制度由正式制度（规则、法律、宪法）、非正式制度（行为规范、惯例和自我强加的行为准则）及其执行特征组成。因此，它们在人际交往的过程中形成了政治、社会或者经济方面的激励机制。制度将社会系统与生态系统联系起来，并有潜力以互补的方式协调人类和自然系统的关系去实现生态和人类的长期目标。由于社会生态系统的变化，管理自然资源的制度安排一直处于不断变迁和演化的过程中（North，1990；Ostrom，2005），这意味着在一个区域的自然环境管理中相对成功的制度安排如果放在另一个区域的资源管理中可能会失败（Ostrom，2005），如果只是单一地关注一个尺度上的制度安排可能会引起更大尺度上的社会生态问题（Fan et al.，2015）。因此，Ostrom（2005）提出，在复杂的社会生态系统中，我们不能再强调那些影响公共资源的制度安排原则，而更需要关注每个区域的社会生态系统管理中的制度变迁以及应对这些变化的适应能力。制度变迁的分析更需要关注复杂的、非线性的、跨尺度的和动态的社会生态系统的特征以及这些特征对制度安排的影响（Berkes & Folke，1998）。基于对制度变迁的认识，Ostrom（2005，2009）建立了制度变迁与发展的分析框架（Institutional Analyses and Development Framework）。Ostrom（2009）认为，资源管理的制度安排和发展不仅需要关注资源的排他性、生产的产出，而且需要强调自然资源的特征、自然资源与资源使用者间的关系以及自然资源与资源使用者在不同社会结构下的相互作用。

为了更进一步地了解和认识社会生态系统中的制度变迁，我们从以下两个视角来分析如何认识自然资源管理中的制度变迁和发展。

4.1.1 制度尺度与匹配性

尺度的概念源于景观生态学，是指在研究某一物体或现象时所采用的空间或者空间单位，同时又可指某一现象或过程在空间和时间上所涉及的范围和发生的频率（邬建国，2007）。尺度可以分为时间尺度、空间尺度和组织尺度。组织尺度是指在由生态学组织层次（如个体、种群、群落）组成的等级系统中的相对位置。不同尺度上的景观格局、过程和变化都存在差异，在一个尺度上进行干扰而影响另一个尺度上的生态过程（Wu & Li，2006）被称为尺度推绎或者尺度效应。尺度是个多学科的概念，近来社会科学也利用尺度的概念来解读社会系统中所存在的问题。在社会系统中，尺度包括表示社会结构的尺度，如家庭、社区以及社会制度的尺度中所包括的正式或者非正式制度在空间和时间尺度上影响资源的获取和分配的过程（Cumming et al.，2005）。

在耦合的社会生态系统中，尺度不仅是指社会生态系统的结构与过程变化在时间和空间上所涉及的范围和发生频率，而且也涉及管理这些社会生态系统的制度的尺度。尺度被用以在不同的时间和空间尺度上来管理资源使用，或者被用在其他利益相关者对资源的使用权、进入权、责任和义务的分配等方面（Cumming et al.，2006）。因此，近来，很多学者开始把尺度的概念纳入自然资源管理中，从尺度的视角探讨管理自然资源的制度安排和社会生态系统变化之间的关系。制度尺度的视角为自然资源管理中的制度变迁提出了以下几个方面的新思路：第一，当自然资源管理的效率、公平性及持续性等问题在不同的管理尺度上进行分析时发现，其结果存在较大的差异（Adger et al.，2006；Folke et al.，2007）。例如，Fernandez-Gimenez（2002）提出，像草场这样的自然系统中，在合适的制度尺度上进行管理的时候，长期管理草场的社会经济成本远低于一个在不合适的尺度上进行管理的制度安排。第二，虽然在自然资源管理中存在多样化、复杂的制度安排，很难提出不同制度之间的区分，但每个不同的制度在不同尺度上对环境和自然进行管理，相关的权利配置也不一样。因此可以按照不同制度对尺度依赖性的特征来区分它们之间的差异（Young，2002）。第三，制度尺度对自然管理政策提出了新视角。当资源管理政策被用来管理不同尺度上的自然资源时，它对自然与制度安排之间的关系产生了不同的影响。那么，宏观的政策干预应该放在什么样的尺度上才能使制度与环境之间相匹配，在现实管理中复杂的社会制度会发挥什么样的作用呢？

建立有效的资源管理及解决公共资源管理的困境在于能否在管理资源的制度安排与自然资源的结构之间有效地建立关系（Ostrom，2010）。在社会经济文化的结构与生态系统特征之间建立有效的关系是可持续资源管理的关键问题。如果未能系统性地了解社会生态系统在不同空间尺度上的关系就很难提出可持续资源管理的制度安排（Folke et al.，2007）。因此社会制度的弹性和效率取决于制度尺度能否匹配与其管理对象的社会生态系统特征（Young，2002）.

制度尺度的不匹配性是指资源管理的制度安排与环境变化之间的关系不匹配，弱化了社会生态系统的关系，从而导致了无效率的资源管理并破坏了系统的重要组成因素（Cumming et al.，2006）。Ostrom（2005）认为制度不匹配性的原因主要体现在以下两个方面：①制度缺失，指的是在适宜的尺度下缺乏制度，因此导致了开放式资源利用和资源退化的问题；②尺度不匹配性，指的是虽然在适宜的尺度上存在可能能发挥作用的制度，但不同尺度之间的决策过程和权利分配缺乏有效的连接以及适合尺度上的管理信息和知识。

4.1.2　制度间的相互影响

Berkes 和 Folke（1998）指出环境和可再生资源的问题并非是大尺度或者小尺度上的问题，而是跨尺度的问题。2007 年，Ostrom 指出公共池塘资源具有社会生态系统的耦合关系，进一步强调跨尺度的相互关系。因此，在公共池塘资源管理中需要进一步研究的是，如何理解不同层次上制度之间的关系以及如何安排不同层次上的制度来协调社会生态系统的关系（Ostrom，2009）。虽然复杂系统中制度之间的区别和关系很难分别，但是在自然资源管理中，不同制度却能够在不同尺度上发挥自身的作用，并且在制度之间存在相互影响的关系（Young，2002）。基于这样的认识，现有的研究挑战是，在现实的自然资源管理中我们应怎样去解读和分析不同制度之间的相互影响？在这方面，制度学派的研究提出了一些新的思路。

Young（2002，2006）提出，不同制度间的相互影响是因为制度间存在功能上的相互联系以及社会结构在决定私人机制的影响范围上的作用。他进一步指出环境管理与自然资源问题上的不同制度安排可以称为资源体制（resource regime）或环境体制（environmental regime），而在这样的体制内分析不同制度之间的相互作用是评估体制能否持续、有效和公平地管理自然资源的关键。因此，Young（2002）强调制度间的相互影响是基于制度功能上的相互作用和依赖性的。也有很多研究发现资源管理的制度与自然资源系统之间具有复杂的相互作用和关联，并且当地的制度安排能很好地适应当地的生态系统特征。区域的制度只能在与更大尺度上的制度之间建立联系时才能维持它的管理效率，也只有这样跨尺度上的制度联系才能建设具有弹性和适应性的制度安排。Berkes，Folke，1998；Berkes，2002；Ostrom，2007；Folke et al. 2007）。

基于 Young（2006）的综述，制度尺度的相互影响大致上可以分为四种：

①分离：自然资源管理中两个制度之间的冲突可以通过清晰界定和平衡不同尺度的权利分配来解决，从而不同制度可以在不同范围内发挥自身的作用；②合并：纵向尺度上的管理机制的整合或共管，其背后的主要思路是通过某种形式的整合或合并将跨尺度制度间的冲突内部化；③协议合作：不同尺度上的制度间进行协调来达成双方都同意和认可的规则，以此建设一个具有制度多样性的资源管理体制，从而在不同尺度上的制度之间产生合作的关系；④系统变化：在不同尺度上的自然资源管理的体制内，制度之间的冲突会引起深入的变化从而导致重新协调整体上的制度安排。

2007 年，Folke 等学者指出，制度尺度的相互影响可以理解为是制度嵌套的关系（nested institutions），而这里的嵌套关系可以从两个方面来理解：一方面，嵌套关系不是等级关系，因此不同尺度上的制度之间是相互作用的关系，而不是谁控制谁；另一方面，制度的相互影响以及安排受到自然资源特征的影响，从而导致制度尺度相互关系的建设和格局需要考虑制度所针对的生态特征。这样的解读能更好地能协调社会与生态之间的耦合关系。

基于生态变化、忽略社会经济特征而提出的有关制度安排的政策建议需要强调管理复杂的社会生态耦合关系的方法以及社会特征如何使制度安排更好地管理生态的动态特征（Folke et al.，2007）。基于社会生态系统耦合关系理论，公共资源管理的理论有了新的突破，即突出制度变迁的视角。制度变迁的视角不仅强调了制度安排的多样化、不同制度的共存和相互作用以及这些制度如何协调社会生态系统的耦合关系，还指出了复杂的社会生态系统的耦合关系以及它们之间的相互作用特征是怎样影响制度安排的。因此，Ostrom 提出的 IAD 框架以及后来基于社会生态系统耦合关系理论而对此框架的完善，为分析制度的变迁和发展提供了很好的理论框架。

制度尺度的概念让我们重新认识到了自然资源管理中的制度变迁与发展。随着社会生态系统的变化，自然资源管理模式不能再单一地去关注某一个尺度上的制度安排及其有效性，而是需要探索不同尺度上的制度如何应对和适应社会生态系统的复杂性和多变性特征。在实际的自然资源管理中，一个政策的失灵并非是因为这个政策本身有问题或者执行过程不完善，而是因为制度管理的尺度与社会生态系统变化的尺度之间存在不匹配性的问题。

这样的公共资源理论的认识和发展对草场管理也提出了新的思路，以重新认识和分析草场管理中不同的制度安排。第一，现有的研究主要强调不同的制度的研究，包括习俗机制或者市场机制的优点和缺点，但尚未关注随着制度的变迁与发展，在现实草场管理中习俗制度和市场机制在不同的尺度上具有共存性和相互作用的关系。第二，随着牧区社会经济和生态变化，牧区的不确定性和复杂性在逐步增加，进而牧区草场管理的制度也处于不断演化的过程。牧民个体、社区和政府在不同的社会生态系统变化中协调和创造不同的草场管理制度。总之，在草场管理中，不同的制度安排应当怎样去协调牧区的社会生态系统的耦合关系（如保持资源获取能力的同时获得市场的进入权）将是未来草场管理和发展的重要思路（Bauer，2005；达林太、郑易生，2010；王晓毅，2011）。

4.2 制度嵌套性理论分析框架

4.2.1 嵌套性理论发展

从制度变迁与发展的理论视角以及实际草场管理中的制度演变来看，如今的草场管理不能单一地强调市场机制或者习俗制度的有效性，而是要关注两者之间的关系。针对这个的学术问题，本章采取制度嵌套性视角来解读市场机制与社区习俗制度之间的关系，从而来解读草场流转和放牧配额管理所产生的不同影响机制。

嵌套性视角是经济社会学中解读经济行为以及相关的制度安排包括市场和社会制度的一个核心理论。在详细讨论嵌套性理论之前，这里有必要对经济社会学的相关理论进行简单介绍。与新古典经济学相比，经济社会学对行动者、经济行为以及经济行为的约束有着不一样的解读。根据 Smelser 等（2005）综述，二者存在以下几个方面的差异：

第一，行动者的概念。新古典经济学分析的起点是个人，而经济社会学的分析起点是具有代表性的群体、制度和社会。当经济社会学讨论个体的时候，他们经常关注的是作为社会构建的行动者，这些行动者也被称为“互动中的行动者或者社会中的行动者”。

第二，经济行动。在微观经济学里，行动者被假定具有一种既定且不变的偏好集合（set of preference），并且依照效用最大化来选择行动的方式。在经济理论中，这种行为方式构成了经济理性行动。与此相对，经济社会学认为经济行动既可以是理性的，也可以是传统的或者是情感性的（Weber，1978）。因此两者对理性行动的界定也不同。经济学家把理性行为和有效利用稀缺资源联系起来，而经济社会学家对理性行动的理解则明显更加宽泛。Weber（1978）把人们在资源稀缺条件下惯常地追求效用最大化称为形式理性（formal rationality）；而把人们头脑中的公共忠诚

（communal loyalties）或神圣价值观（sacred values）等其他精神准则的定位称为实质理性（substantive rationality）。经济学家把理性看成是一个假定，而经济社会学家则把理性看成是一个变量。

第三，经济行为的约束。新古典经济学认为，经济行动主要受到偏好、稀缺资源（包括技术）的约束。因此，从原则上讲，只要掌握了这些约束因素，就可以预测行动者的行为，因为个人总是会努力追求自己的效用或利益最大化。因此，经济学一直强调市场机制是管理个体行为的主要制度，在产权明晰的前提下，市场机制能够通过平等交易和成本效益的激励机制来管理个体的行为。然而经济社会学认为个体利益只是其中的一个变量，而实际上还有很多社会变量影响个体和群体的经济行为，包括文化、社会地位以及权力，认为个体经济行为本质上是一种社会行为。

关于经济社会学视角中的市场概念，一些重要的学者已经有了比较深入的解读和分析。White（1992）提出了 W（y）模型来强调社会中不存在新古典经济学所强调的纯粹的交换理论。他认为市场是由参与者通过信息交流而进行部分生产与再生产的社会结构组成。因此，除了交换的市场（exchange market）外，也有产品市场。White 认为，在交换市场中供需决定价格，而在产品市场中，市场的社会结构以及市场行动者的身份同样也会对市场结构产生影响。Granovetter（1974）和 Baker（1984）从社会网络（social network）的视角来分析市场。他们认为，市场是由各种不同的方式社会性地构建起来的，个体行动者之间的市场网络嵌套在这些行动者所属的社会文化的结构中，市场的网络建设同时受到信任、道德等因素的影响。因此，市场及其过程是社会的一个有机组成部分。Bourdieu（2000）提到市场的运作及其环境，市场无论与社会环境还是自然环境都有紧密关系。他接着提出了场域（economic field）的概念，强调市场的环境（企业、社会、自然环境）特征对于市场结构和网络的影响。Smelser 和 Swedberg（2005）认为在市场中，行动者的行为会因受到其他行动者的影响而发生变化，会对行动者产生促进、转向以及限制等作用。同时，文化的意义也会影响行动者的行为选择并使得这种选择看起来不符合理性的原则（Dore，1983）。

综上所述，经济社会学的视角认为，市场是一种“社会结构”，是将文化传统、社会力量、权力运作等非经济因素全部包容在内的社会结构。基于这样的认识，该领域提出了嵌套性视角（embeddedness perspectives），并用其来解读在理性选择、市场以及社会文化因素的相互作用下个体和群体的经济行为的过程及其管理。

4.2.2 制度嵌套性理论发展

Polanyi（1957）在其《大转型》一书中采用了嵌套性概念来强调经济行为原则上总是嵌入在某些社会结构中。嵌套性概念的提出，是针对市场经济通常被认为是管理社会发展的主要制度安排的观点及其所带来的问题（Krippner，2001）。Polanyi（1957）指出，虽然很多市场经济的相关研究和政策认为市场机制是一种独立的制度安排，但在现实中市场难以与社会分开。因此，提出嵌套性视角的目标是要挑战市场经济所认识的个体经济隔离与其社会背景的视角。近年来，经济社会学者 Granovetter 和 Swedberg（1992）对于嵌套性的概念有了进一步的发展，他们认为经济行为本质上是一种社会形式，嵌入在经济和非经济的制度和网络社会关系中。根据他们的研究，嵌套性理论认为个体的经济行为是嵌入在其所处的社会文化环境中的，个体之间的相互作用受到群体的社会网络和文化价值的影响，但同时个体行为和决策也在影响群体的社会结构（Swedberg，2003；Larson et al.，2006）。McCay（1998）认为嵌套性不仅指社会网络，还概括了文化系统中的价值、意义、象征。新古典经济学和制度经济学认为理性行为受到个体利益最大化的驱动，但嵌套性视角认为理性行为本身就是嵌入在社会文化环境中的（Selznick，1992）。

与嵌套性概念相对的是“脱嵌”（disembededness）的概念。Polanyi（1957）指出，原则上经济行动总是嵌入在社会结构形式中，即上述的“嵌套”关系。当一个经济行为失嵌于其所在的社会和其他非经济制度的时候，就出现了“脱嵌”的现象，并会造成破坏性的影响。同样地，在自然资源管理中，McCay（1998）指出，因为外部社会变迁和干扰等因素有可能导致社区内部资源使用者逐步与社会结构和群体隔离，进而弱化其可持续资源利用的责任感。Giddens 等（1994）指出，在自然资源管理中，当管理个体经济行为的市场机制脱离于社区内部的社会文化和习俗的管制时，便会重新定义社区内部的组织结构和社会网络等，从而一个社区组织逐步失去对内部资源管理和配置的力量，导致一个社会群体在自然资源管理中的失灵（Giddens，1994；Ruddle，1993）。这种失灵也被称为社区失灵。在这个意义上，脱嵌性关系并非是指市场机制和社区习俗制度两者相互对立或者两者完全隔离的关系，而是指在自然资源利用和分配方面里市场机制的力量增强，社区习俗制度的作用逐渐弱化，市场逐渐成为主流的资源管理手段的关系。

4.2.3 制度嵌套性理论的应用

在自然资源管理领域，少数学者开始注意到嵌套性视角对于解释资源环境问题的理论重要性。比如，McCay（1998）在《市场或社区失灵？共有产权的批判性视角》（“Market or Community Failure? Critical Perspectives on Common Property Research”）一文中提出，应该采用嵌套性视角分析公共资源管理的问题，因为该视角能够把社会、社区及文化范围内的变量都纳入自然资源管理问题的框架中。基于以上对于嵌套性概念的理解，本书认为嵌套性视角可以从以下两个方面解读市场机制与社区习俗制度之间的嵌套或脱嵌的关系：

第一，从社会系统内部的关系出发，嵌套性理论讨论牧民个体之间、个体与社区之间的社会网络以及背后的驱动来解读市场与习俗之间的关系。

社会网络既是个体之间、个体与社会组织、社会组织与政府之间传递信息和问题识别的主要通道，也是这些资源使用者组织和分享资源的平台（Freeman，2004；Watts，2004；Baird & Gray，2014）。社会网络包括社区内部的社会网络（bonding network），主要包括群体内部个体与个体之间、个体与社区之间所形成的一种社会关系。社区与其他社会机构之间的关系（bridging network），主要指的是群体内部个体与群体外部个体或组织之间所形成的一种社会关系，包括政府、保险公司或银行、社区外企业、社区外的个人等（Granovetter，1985）。社区内部的社会网络关系中的成员具有一定的同质性，当群体内部社会网络强关系较多时，群体内部个体与个体之间倾向于具有更高的群体凝聚力。在自然资源管理中，资源使用规则的制定、执行、监督和惩罚都需要依靠社会网络（McCay & Jentoft，1998）。社会网络的结构影响资源使用者之间的信任度和管理决策的创造和执行的力度。社会网络的结构也是激励个体遵从决策的机制（McCay，1998；Reeson et al.，2011；Baird & Gray，2014）。嵌套性视角认为，市场虽然是资源分配的重要途径之一，但是这样的解读忽略了市场网络的复杂性（the institutional dimension of the market）。市场是很多个体相互合作下形成的经济行为，因此，人与人之间不同层面的社会关系（包括竞争、互惠、合作、亲缘等）塑造了市场网络的结构，从而影响资源分配、传递信息的过程和趋势（Granovetter，1974；Hayek，1976；Swedberg，2003），其被 Granovetter（1990）称为“关系嵌入”。此外，社会组织和政府、社区或者企业同样影响市场网络的构建，因此，Granovetter（1985）和 Swedberg（2003）等学者提出市场网络是由社会性构建的，而交换只是市场网络的一种体现（Uzzi，1997）。根据这样的思路 Polanyi（1957）以及其他学者（Smelser & Swedberg，2005）总结出资源分配的经济行为是通过三种社会网络运行的：①互惠关系，发生在对等群体（symmetrical groups）之间，比如家庭、亲缘、邻居等；②再分配（redistribution），资源从社会中心如国家或者社区重新再分配给个体；③交换（exchange），两个相互竞争的行动者之间凭借价格决定的交换关系的总和。韦伯（Weber）认为在市场网络中行动以竞争开始，以交换结束。

同时，嵌套性视角也提到，自然资源管理中所采取的社会网络不一样，其背后的驱动也存在差异。经济学家讨论市场机制的时候，主要强调个体利益，包括物质价格、供给需求等是驱动个体参与市场来配置资源的主要因素，但嵌套性视角认为个体的利益是通过社会网络和结构中构造、表达和运行的（Smelser & Swedberg，2005）。虽然表面上个体的经济行为受个人兴趣和利益驱动，但是社会文化因素最终决定了这些个体行为的发展趋势（Smelser & Swedberg，2005）。同样地，Weber（1978）也提到，经济行为因驱动不一样，可以分为受惯例（convention）支配的行动、受习俗（custom）支配的行动和受经济利益支配的行动。基于此，嵌套性视角提出，无论行动者处于哪一个社会网络中，行动者的行为会因受到其他行动者的影响而发生变化，因为当一个个体与其他个体或者社会群体产生关系的时候，个体必须考虑其他个体或者社会群体的兴趣和利益（Sahlins，1976；Dore，1983；Granovetter，1992；Smelser & Swedberg，2005）。此外，行动者处于不同的社会网络中的时候，对物质的“价值”认识也不会仅限于该物质的市场价格。个体所嵌入的社会文化的意义和共享信仰等会影响行动者对物质价值的认识，并与个体利益共同塑造个体或者群体经济行为的激励机制（Nee，2005）。

基于上述的社会系统内部的社会网络及其背后的驱动因素，本书认为嵌套性视角可以在如下两方面解读市场机制与习俗制度的关系：

（1）当市场机制嵌套在社区习俗制度的时候，草场管理的治理措施通过社会系统内部的互惠关系、社区再分配以及交换等三方面结合的社会网络来进行运行。此外，当市场机制嵌套在社区习俗制度的时候，其社会网络背后的驱动力不仅包括个体利益最大化，同样也包含了社区群体利益以及社会文化的因素包括信仰、习俗、本土生态知识等对物质价值的不同认识。

（2）与此相反，当市场机制失嵌于习俗制度的时候，个体仅凭借市场交易来协调资源利用和分配，会导致基于交换的社会网络成为自然资源配置的主要手段，逐渐弱化了社会系统内部的互惠关系及其社区组织再分配的关系。这样，草场管理的治理措施主要通过牧户个体之间凭借市场手段的交换来进行。采取这样的社会网络背后的激励主要受个体利益最大化的驱动，包括物质价格、供给需求等因素，牧民个体利用草场资源的行为的发展方向逐渐脱离社区习俗制度的管制，更多地由个体利益和兴趣所决定。

第二，嵌套性视角从社会与生态之间的关系出发，提出了场域的视角来讨论社会生态系统的耦合和相互作用的关系特征，并分析这样的特征怎样影响市场与习俗制度的关系。

Bourdieu（2000）认为市场与社会环境和自然环境都有紧密的关系，他因此提出了经济场域（economic field）的概念，强调市场的环境（企业、社会、自然环境）特征对于市场结构和网络的影响。根据 Bourdieu（1992）的观点，场域可以是公司、国家或者一个特定的自然环境并且场域由实际的和潜在的关系构建而成。场域视角的焦点是关注一个整体系统的结构，包括系统内部的社会关系、权利分配、社会文化、经济、自然环境特征等相互作用的关系，并且这样的关系决定着市场机制与其他社会制度之间的关系（Fligstein，1996；Bourdieu，1992；Smelser & Swedberg，2005）。场域理论认为，市场机制只是配置资源、物品的手段之一，而这样的手段只有与其他制度相互作用才能适应场域的系统性特征（Bourdieu，1992，2000）。基于此，嵌套性视角认为市场机制等管理个体经济行为的手段受到社会环境相互作用的影响，从而只有适应其所在的经济场域的特征才能发挥它的作用（Fligstein & Mara-Drita，1996；Bourdieu，2000）。场域的视角与近年来自然资源管理中所讨论的社会生态系统耦合的视角有类似之处。社会生态系统耦合的观点也强调，市场或者其他社会制度之间的关系取决于资源使用者所依赖的社会生态系统的结构（Berkes，2002；Agrawal，2003；Ostrom，2007）。

基于上述场域的概念，本书认为嵌套性视角可以从以下两方面解读市场机制和习俗制度的关系：

（1）当市场机制嵌套在社区习俗制度的时候，这样的管理措施和治理结构将关注草场社会系统与生态之间的耦合以及相互作用的关系，并在草场管理中会考虑因社会经济系统或者草场生态系统的变化对两者耦合关系的影响。

（2）当市场机制脱嵌于社区习俗制度的时候，这样的管理措施虽然也会考虑牧区的社会经济和生态的变化，但基于此的管理模式更多地会把牧区社会系统和生态系统两者分开来考虑，而不会关注两者间的耦合和相互作用的关系。

根据嵌套性视角，草场管理中的市场机制与社区习俗制度之间的嵌套性和脱嵌性关系塑造了不同的治理结构，这也意味着不同的草场资源分配和利用的过程。这里的草场资源分配指在牧户个体之间以及牧户与社区组织之间的草场资源及相关权属分配，而草场资源利用指草场管理怎样协调牲畜与草场生态之间的动态关系。草场资源的利用和分配直接影响到牧民的生计、畜牧业生产、贫富差距和草场生态等问题。

4.2.4 制度嵌套性分析框架的建立

基于上述理论分析，本书将市场与习俗的关系分为两类：嵌套性关系和脱嵌性关系，并将结合第5~9章的案例分析结果在第10章分别从社会网络和场域两方面来解读这两种关系本质上的不同，具体分析框架见图4-1。

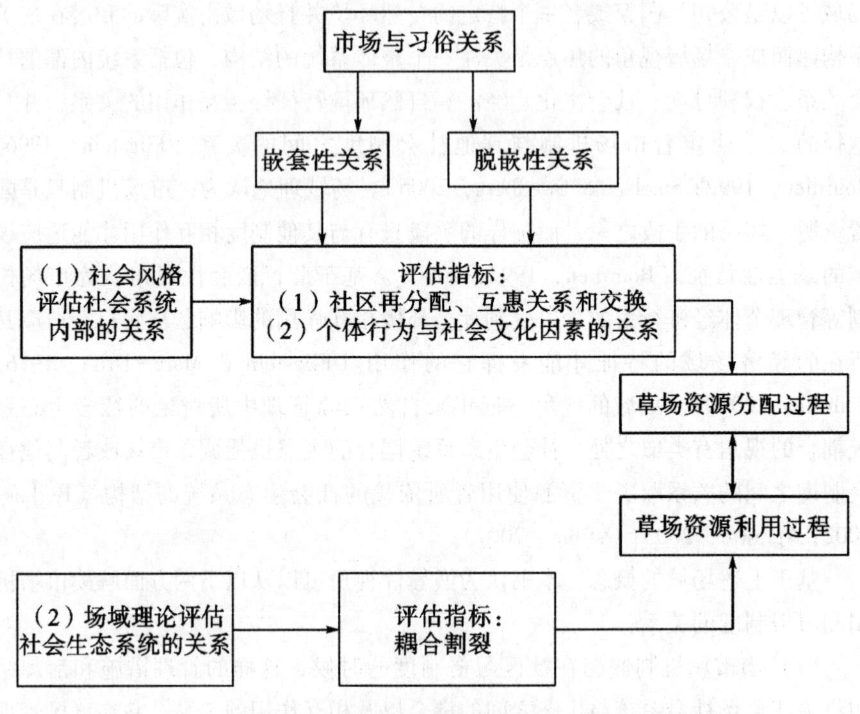

图4-1 制度嵌套性视角的分析框架

4.3 环境效用获取理论分析框架

现有的研究一直强调市场机制和习俗制度在草场管理中的不同作用，而这些研究所强调单一管理模式的重要原因与草场产权的二元化观点有关，即草场应该私有还是共有。关注习俗制度的研究认为社区组织是习俗制度的基础，执行草场（使用权）私有化削弱了社区组织在草场管理中的作用，而共有产权能促进社区组织作用的发挥。与此相比，牧区的市场机制是草场承包或者私有化之后逐渐产生的，同时决策者和有些学者认为草场产权明晰到牧户是市场机制发挥的前提条件。然而，随着社会生态系统的变化，实际草场管理中牧区新创造的制度安排背后有着多个不同的产权特征。因此，本书建立环境效用获取的理论框架来分析牧区新创造的制度安排与国家提倡的草场经营权流转之间存在的本质区别是什么。

4.3.1 效用获取理论

本书试图回答的第二个学术问题是草场管理中的草场流转和放牧配额管理本质上的区别是什么。在草场流转的相关研究中，草场产权牧户个体私有还是社区共有一直是学术界争论的焦点。这一争论的焦点本质上是草场资源应该由牧户个体经营还是应该由社区来共同使用和管理。但不论是产权社区共有还是牧户私有，都只是将草场作为一种资源，而忽视了作为资源的草场服务功能和效用是否能得到有效的发挥。草场的生态、经济和社会功能繁多且彼此间相互联系，很难把草场的单独生态功能从牧区社会经济体系中剥离出来进行单独管理。近年来很多研究开始提到草原社会生态系统是一个包含草、畜、人的综合有机体，对其中任何一个变量的改变，都将进一步改变其他因素在该系统中的位置，进而影响整个系统的平衡（李文军、张倩，2009；Li，2011）。草场流转的关注点是草场本身作为一种资源的使用权配置，然而本书设想草场为一个耦合的社会生态系统，草场管理的产权安排本质上应关注草场社会生态系统所提供的不同效用和功能，而草场使用权配置仅是获取草场不同功能和效用的途径之一。随着牧区市场化的发展，草场进入市场成为可交易的资源后，草场资源为牧区的社会经济提供的效用和功能更加复杂，其中有：①为当地畜牧业生产提供饲草资源；②为更大空间尺度上的人类社会提供生态服务功能。由此本书提出，与草场流转相比，对于放牧配额管理的探讨或许更接近本书所关注的草场功能发挥的本质。为了分析草场流转和放牧配额管理的区别，本书采取环境效用获取理论（entitlement theory）来解读这个问题。环境效用获取理论是基于已有的产权理论发展起来的，因此本书将先简单介绍自然资源管理的产权理论的发展，然后详细介绍环境效用获取理论。

4.3.2 效用获取理论的发展

根据 Singer（2000）的综述，自然资源管理中的产权理论经历了几次不同的发展。古典的产权理论主要强调物质的所有权，被称为所有权模型（ownership model）。该理论强调所有者个体对于资源的权利的保障，认为所有者有自由利用和交易该物质的权利。然而，权利束（bundles of property rights）的研究认为虽然过去的产权一直强调个体拥有物质的权利，但是产权表面上是人与物质的关系，本质上是人与人之间的关系。Singer（2000）提到，当关注到人与人之间的关系怎样影响一个物质的权利的时候，产权不仅是一个人的权利，也可以是很多人拥有同一个物质的不同权利。Singer 认为权利束概念对所有权理论具有以下几个方面的重新认识：①产权不能作为一个固定个体所拥有的权利，而是随着社会结构的变化而变化的；②当关注产权纠纷的时候，可以发现产权牵扯到多样化的价值，包括公平性和经济效率等方面，但是却无法使用指标来衡量这些价值；③权利束概念认为当一个物质具有多个产权的时候，产权的配置与其管理的规则具有密切的关系；④产权要考虑排他的权利，同时也需要考虑获取和进入的权利。考虑到这些特征，权利束理论的学派认为，产权是由多个分离的个体产权组成的，也就是说一个物质的产权是具有很多可分离和分配的权属所组成的一个权利束，而一个物质的不同权属可以分离并分配给不同的使用者。这也意味着，我们不能仅靠执行一个政策来保障一种产权，而是需要细节的政策来安排特定物质的不同权利的分配。权利束理论对所有权模型提出了挑战，指出一个物质的产权不一定为一个个体所全部拥有，多个人可以同时拥有同一物质的不同权利。因此在没有确定一个物质对不同的使用者带来的不同利益之前，无法简单定义该物质的产权安排。

虽然权利束理论能够促进一个物质的多重利用和配置，从而提高经济效率，但这样的思路却忽略了初步的产权配置和分配。Singer 认为，虽然权利束模型认可产权的复杂性，但是由于忽视了所有权的存在，从而导致了社会经济的不公平和贫困问题。因此，Singer 认为所有权模型和权利束模型两者各有其优点和缺点，因此他提出 entitlement 概念来整合两个模型的优势，并更多地关注产权与社会网络的关系（Singer，2000）。

entitlement 概念认为，一个人可以拥有一个物质的所有权，但并不妨碍几个人同时拥有该物质所提供的服务和效用方面的权利，因此 entitlement 在本书中被翻译为效用获取。此概念具有以下两个方面的特征：一方面，所有权模型主张作为个体的人的自然权利，在产权的建立过程中不需要政府的干预，然而效用获取的概念认为在建立和保障产权的过程中，政府的干预是必需的，该模型的核心是关注政府与个体之间、个体之间、产权所有者和非所有者之间的关系以及这样的社会网络怎样影响产权的建立；另一方面，作为对于权利束模型不足的补充，效用获取概念在强调保障个体所有权的基础上，关注怎样分配该物质所提供的服务和效用。因此效用获取的概念不仅关注物质利用的经济效率，同时也会关注权利分配的公平性（Singer，2000）。

在效用获取的概念中，资源本身的所有权和获取该资源所提供的服务和效用的能力是分开的。不同的人拥有同一物质的不同效用的控制权利，也就是说，不同的人可以在同一时间拥有对于同一物质提供的不同效用的权利，或者在不同的时间里拥有该物质所提供的同一个效用的权利。因此，产权分析的关注点从一个资源的所有权逐步转换到获取该资源所提供的效用和服务的能力。

4.3.3 效用获取概念在资源环境管理中的应用

Leach 等（1999）将效用获取概念应用在资源环境的管理中，提出环境效用获取框架。Leach 等（1999）指出，必须认识到生态系统是与社会系统长期共同进化的、在时空尺度上具有多变性和异质性的非平衡特征。作为管理目标的自然资源并非是线性变化的，而是在社会和生态相互耦合作用下产生非线性、复杂的变化趋势。因此，对于管理这样的自然资源，本质上需要关注的是资源使用者怎样看待自然资源所提供的不同的效用和服务，并且通过什么样的制度安排来获取和管理这些资源的效用和服务，而非传统意义上的资源所有权的问题。

从资源效用的视角出发，不同权利和制度怎样控制资源效用的获取能力以及社会差异如何导致资源利用不公平性问题成为研究的焦点（Leach & Mearns，1991；Mearns，1995a，1995b）。Sen（1981）曾利用效用获取的概念来分析为什么即便粮食很丰富的情况下还会发生饿死人的现象。Sen（1981）提出，导致饥饿与贫困的问题并不局限于食物量，而是人民是否具有获取这些食物的能力，因此他认为产权需要强调的不是人应该拥有什么，而是人是否有能力获得什么。基于这样的认识，Sen（1984）认为对于粮食资源与贫困的问题，关注的焦点并非是拥有多少食物，而是应该评估用什么样的制度安排来协调不同的权利以保障个体或者一个社会群体去获取这些资源的能力。

进一步地，在 Sen（1981）的研究基础上，Leach 等（1999）认为资源效用获取的概念由两方面的内涵组成：①资源初始权配置（endowment），指资源本身的产权安排；②通过不同的制度安排获得自己所拥有的环境资源所提供的服务和效用的能力（entitlement），这两方面的相互结合便是环境效用获取的概念。基于这样的认识，Leach 等（1999）建立了环境效用获取框架（见图 4-2）。

资源效用获取概念是不同资源使用者通过社会结构和网络协商的产物（Gore，1993），所以该理论展示了自然资源管理中使用者如何获取资源的所有权以及该资源提供的效用的能力之间的结合。从环境效用获取的视角进行分析的时候，需要将不同尺度上的制度安排联系起来，在不同层面上对资源初始权

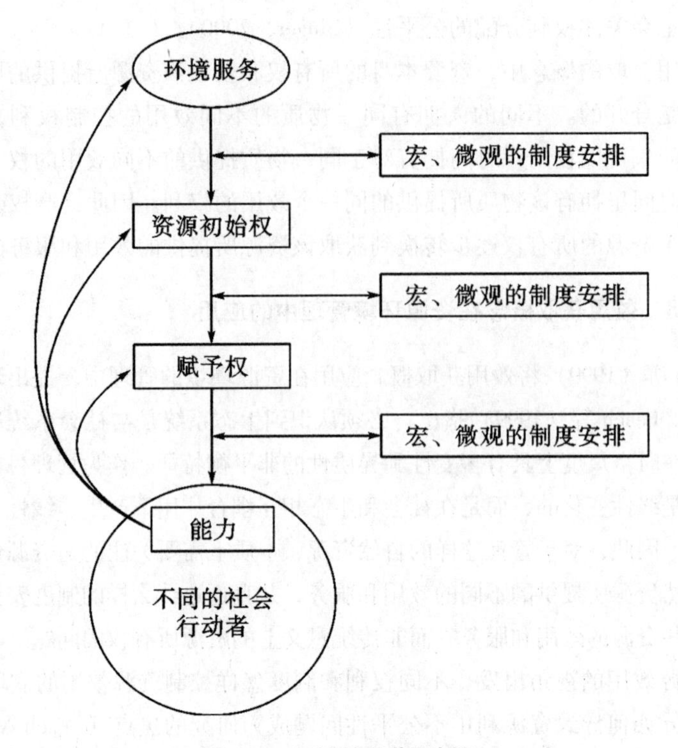

图 4-2　环境效用获取框架

配置（endowment mapping）和效用获取的配置（entitlement mapping）进行讨论（Leach et al., 1999）。如图 4-2 所示，环境效用获取概念有两个重要的变量：①资源初权配置，指资源使用者怎样在政府的管理政策下获得自然资源的初始权，并通过配置资源初始权来获取该资源提供的效用；②效用获取配置，指根据资源的特征和所提供的效用，资源使用者识别已拥有的资源所提供的各种效用和服务功能，并通过不同的制度安排配置获取这些资源效用的能力，以实现资源管理的目标。

根据这样的综述，本书认识到虽然资源初始权的配置和效用获取的配置在自然资源管理中密切相关，但是两者的关注点是不一样的。资源初始权配置的关注点是怎样安排和配置资源本身的产权，以便获取资源效用（Leach et al., 1999）。这也是科斯定理所强调的通过明晰产权达到资源配置的帕累托最优（Coase, 1960）。科斯定理认为，基于资源初始权明晰、并且交易成本为零或者很少的情况，按资源使用者个体需求进行产权交易，资源将从低值用户（lower-value user）配置到高值用户（higher-value user），同时满足买方和卖方的需求（Coase, 1960），并不影响总体社会收益。然而，科斯定理中所优化配置的并非是一个物质的效用，而是该物质的经济价值。帕累托最优的交易是否能够达成，除了取决于交易成本的高低，还与买方的资金能力有直接的关系。然而，效用获取配置的关注点在于，在初始产权配置的基础上，讨论个体之间或者个体与社区之间是怎样配置和使用自然资源所提供的效用和服务，并获取这些效用的能力的（Leach et al.，1999）。市场机制只是效用获取配置的机制之一，个体所嵌套的社会组织及其社会网络同样是效用获取配置的机制。

明确区分资源产权和资源效用的获取能力是环境效用获取框架的创新点。在自然资源管理中，该框架明确将资源的产权与获取该资源提供的效用的能力分开，从而为自然资源管理中的产权制度研究提出了新的认识。Leach 等（1999）指出，环境效用获取概念不是关注一个时间点的具体初始产权和效用获取的配置，而是关注资源的初始权和效用获取的配置过程以及不同尺度上的制度安排是怎样影响这些配置，从而实现其自然资源管理的目标。

4.3.4 草场效用获取理论框架的建立

本书基于 Leach 等（1999）的环境效用获取框架，建立了相应的草场效用获取理论框架（如图 4-3），并试图回答前文所提出的学术问题：草场流转和放牧配额管理本质上的区别是什么。

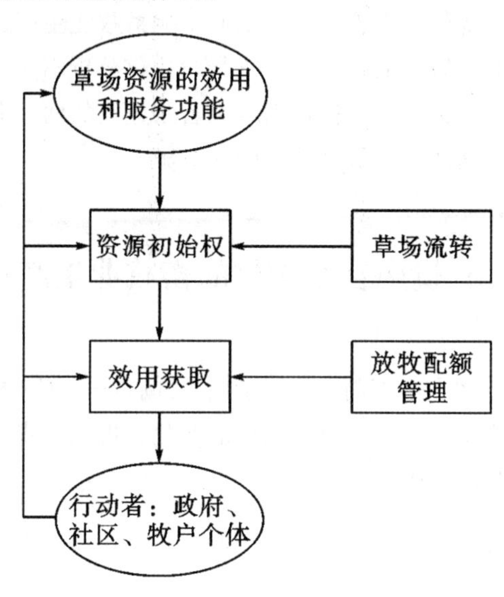

图 4-3　草场效用获取理论框架

5　草场制度与畜牧业生产[①]

畜牧业生产是青藏高原牧区的主要收入来源。天然放牧畜牧业遵循的是低投入以及风险规避的策略，生产者通过理性的决策，在有限的资源中获得最大化的总体收益或在更大的范围内使总的系统产出最大化（Krätli & Schareika，2010）。畜牧业在再生产过程中有很多与农业生产不同的特点，畜产品有相当一部分作为生产资料，如基础母畜，它们直接参加畜牧业的再生产，同时它又是生活消费产品。自然资源状况和严酷的生存环境又决定了牧区的牧民对这一生活资料的依赖，畜产品具有一定的自给性（达林太、郑易生，2010）。随着牧区的生态系统变化，尤其是，气候变化的影响下牧民面临的生态异质更加严峻，影响了牧区的畜牧业生产。不同的草场制度安排影响牧民分配草场资源、放牧方式以及社区内部的互惠关系等，从而影响畜牧业生产过程。因此，本书在这里分别对两个案例区域的两个村子进行对比，分析不同的草场管理制度对畜牧业生产的影响。本书分别分析贵南县和若尔盖县的两个案例村的畜牧业生产结果，并在最后总结两个案例区域之间的差异。

5.1　案例一：贵南县案例村的畜牧业生产对比

在畜牧业生产方面，本书将先分析两个案例村——GA 村和 GB 村的畜牧业生产量、牲畜死亡率、和畜牧业收益率的变化，再进一步从成本结构方面分析畜牧业收益率变化的原因。

① 本章的部分数据已经发表于自然资源学报和 Land Use Policy。

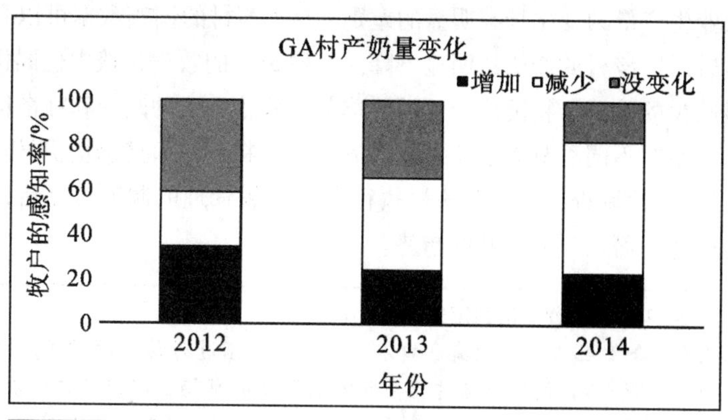

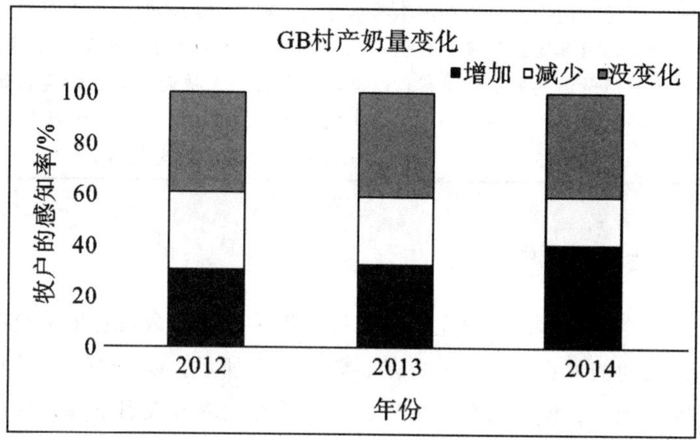

图 5-1 贵南县 GA 村和 GB 村的产奶量变化牧户感知率比较

5.1.1 畜牧业生产量

畜牧业生产量主要体现在产奶量上，本书通过牧民的感知率分析不同草场管理制度对生产量的影响。调查中，2012 年的感知率是与制度变化前的生产量进行对比，而之后每年的感知率都是与前一年的生产量进行对比。从图 5-1可以看出，在产奶量方面，GA 村认为产奶量减少的牧户从 2012 的 24%增加到 2014 的 59%，认为产奶量增加或者没有变化的感知率呈明显减少的趋势。与此相比，在 GB 村，认为产奶量增加的牧户从 2012 的 31%增加到 2014 年的 41%，认为产奶量减少的牧户从 2012 的 30%减少到 2014 年的 19%。此外，GB 村的大部分牧户（从 2012 年的 39%到 2014 年的 40%）都认为实施草场放牧配额管理后牲畜移动方式与过去保持一致，因此，GA 村的牲畜产奶量没有太大的变化。

从畜牧业生产量比较中可以看出，由于两个村采取的草场管理制度不一样，畜牧业生产量的变化具有明显的差别。从 GA 村的调查数据可以看出，实施草场流转后，该村的产奶量明显下降。专栏 5-1 的牧户访谈中也同样提到产奶量明显减少的情况。牧民认为，随着季节性放牧方式的改变和牲畜移动空间的减少，牲畜在不同季节无法获得他们需要的草料，从而挤奶量明显减少。与此相反，GB 村的调查结果表明该村执行放牧配额管理的制度安排后，牲畜挤奶量没有变化，而且呈略上升的趋势。

专栏 5-1　牧户对产奶量变化的感知

SBJ 牧民，今年 43 岁，家里有 3 口人，我们在他家进行访谈的时候，他的妻子 ZMLM（40 岁）说："我们家虽然这几年租入隔壁家的草场，试图获取更多的草场，但是因为牲畜移动空间小，无法在四季的草场上获取更好的草料，所以挤奶量每年在下降。我们以前共用草场的时候，我们一次性从一头牛身上可以挤半个木桶的牛奶，现在两头牛的奶产量加起来不到半桶。以前我们夏天一天挤两次奶，但现在奶产量少了，所以我们早上挤一次，而下午主要让牛犊子吃奶，不然担心牛犊子难以存活。"

——2014 年青海省贵南县 GA 村牧户访谈记录

5.1.2　牲畜死亡率

在牲畜死亡率方面，本书主要分析每年牛羊的死亡数占总牛羊数量的比例以及样本户之间的死亡率分布的方差。如表 5-1 所示，GA 村在 2008 年之前采取了草场承包到户，但执行草场流转后，牛羊死亡率并没有下降，反而呈略上升的趋势。此外，牧户之间的牲畜死亡率标准差呈现增加，说明该村执行草场流转后牧户个体之间的牲畜死亡率差异加大。与此相比，GB 村执行放牧配额管理后放牧方式没有变化，因此牲畜死亡率和死亡率标准差在 2008—2014 年间有些波动，但没有增加，同时说明该村牧户之间的牲畜死亡率差异不大。

表 5-1　GA 村和 GB 村制度变化前后的牛羊死亡率比例变化比较

单位:%

GA 村					GB 村				
年份	羊	死亡率标准差	牛	死亡率标准差	年份	羊	死亡率标准差	牛	死亡率标准差
2008	14	0.09	14	0.09	2009	10	0.07	11	0.05
2012	12	0.10	15	0.10	2012	10	0.04	12	0.07
2013	14	0.12	17	0.12	2013	10	0.09	12	0.06
2014	17	0.13	17	0.12	2014	9	0.07	11	0.06

注：死亡率标准差指样本牧户之间的牲畜死亡率标准差，体现牧户之间的牲畜死亡率差异。

5.1.3 畜牧业收益率

畜牧业收益率方面，本书主要分析牧户年均畜牧业生产成本和牧户年均畜牧业总资产的比值。如表5-2所示，2012和2013年GA村的户均畜牧业资产高于GB村，但到了2014年，GA村的户均畜牧业资产开始低于GB村。同时，2012—2014年，GA村和GB村的畜牧业生产成本均呈增加的趋势，然而，GA村的户均成本明显高于GB村。牧户访谈中也谈道："我们村（GA村）每年面临干旱或者草场资源的短缺等问题的时候，需要租入草场来促进牲畜移动。但是，草场的价格每年都在持续增长，所以畜牧业生产成本持续增加。然而，租入草场有助于获取更多草场，但牲畜数量未能扩大，畜牧业生产量在下降，因此，畜牧业收入难以增长。"对GA村畜牧业生产量（如图5-1）和牲畜死亡率（如表5-1）的分析也应证了同样的结论。与此相比，GB村的牧民谈道："虽然放牧配额的补偿增加了一点畜牧业生产成本，但是全村保持共用草场和四季游牧方式等，因此，得以保持畜牧业生产量，控制牲畜死亡率，所以畜牧业收入并没有减少。"综上所述，GA村的畜牧业收益率明显低于GB村，并在2012—2014年呈下降的趋势，而GB村的畜牧业收益率没有发生明显的变化。

表5-2 2012—2014年贵南县GA村和GB村牧户畜牧业收益率分析

单位：元

村名	年份	饲草	饲料	租场	放牧配额补偿	兽医	围栏	户畜牧业成本	户畜牧业资产	畜牧业收益率
GA村	2012	695	1 269	8 000	0	575	3 466	14 005	197 569	13%
	2013	791	1 606	9 812	0	659	3 466	16 334	189 733	11%
	2014	2 051	1 706	11 563	0	416	3 466	19 202	176 302	8%
GB村	2012	961	615	0	4 603	296	1 803	8 280	161 845	18%
	2013	1 300	889	0	5 244	315	1 803	9 553	181 239	18%
	2014	2 040	1 140	0	5 874	286	1 803	11 145	190 845	17%

注：围栏是固定资产投入，寿命期设为5年，表中计为年均围栏投入=总围栏投入/5年。

GA村和GB村的畜牧业收益率差异主要受到两个因素变化的影响，即成本和资产。从表5-2中可以看出，两个村之间的畜牧业生产成本具有明显的差异。从成本结构来看，第一，GA村在各类畜牧业生产成本中，租草场成本最高，从2012年的户均8 000元增加到2014年的户均11 563元。本书第八章的案例介绍中我们也发现，GA村近来租入草场的户数不断增加，村内竞争激烈，租入草场的成本也逐渐增加。与此相比，GB 村并没有产生租场成本，主要的畜牧业生产成本是放牧配额交易的费用。2012—2014 年稍有增加的趋势，但放牧配额交易成本明显低于 GA 村租草场成本。第二，GA 村和 GB 村都有围栏的成本。GB 村的围栏主要用于明确村的边界，而在 GA 村，围栏用于明确牧户之间的草场边界，每户草场都需要围栏的投入，因此该村围栏投入成本明显高于 GB 村。第三，两个村都有购买饲草料的成本，并且 2012—2014 年均有增加趋势。GA 村的成本略微高于 GB 村，但没有明显的差距。综上所述，GA 村 2012—2014 年的畜牧业生产成本远高于 GB 村，导致其收益率低于 GB 村，并呈显著下降趋势。

影响畜牧业收益率的另一个因素是牧户畜牧业资产。在青藏高原，除了年末存栏的牲畜数量和畜群结构的变化，畜牧业生产量和牲畜死亡率也是影响牧户畜牧业资产的两个重要因素。从以上的分析中可以看出，GA 村牲畜死亡率呈持续上升的趋势，而畜牧业生产量呈下降的趋势。因此，GA 村执行草场流转后畜牧业生产成本迅速增加，但畜牧业资产却呈下降的趋势。相反 GB 村执行放牧配额管理后畜牧业生产成本有所增加，但牲畜死亡率下降的同时畜牧业生产量明显增加，说明了 GB 村的畜牧业资产呈增加的趋势。

GA 村执行草场流转的主要驱动力之一是让牧户通过租入草场为牲畜提供更多的饲草空间，从而提高畜牧业生产量。国家也强调通过草场流转来解决“有畜无草和有草无畜”的矛盾，促进规模化的畜牧业生产。因此，本书在这里进一步比较 GA 村内租入、租出和无租场行为的三类牧户之间的畜牧业收益率来分析草场流转是否能够解决上述问题。表 5-3 显示，2012—2014 年，租入草场牧户的畜牧业收益率均呈下降的趋势，而租出草场牧户的畜牧业收益率在 2012—2013 年没有变化，但在 2014 年稍有下降。租入草场牧户的畜牧业收益率明显低于租出和无租场的牧户，主要是因为租入草场的成本很高，增加了该牧户的总畜牧业成本，但畜牧业资产并没有随之而增加。租出牧户的畜牧业收益率下降主要因为饲草料的成本增加的同时牧户资产水平减少。因此，本书认为租入草场虽然能促进个体牧户获得更多的草场资源，并在某种程度上恢复牲畜移动，但是租入草场使得畜牧业生产成本显著增加，并且没有明显促进畜牧业资产的增加，从而使得畜牧业收益率下降。基于此，本书认为草场流转并没有帮助租入草场的牧户增加畜牧业生产规模，反之，牧户租入草场的目的是维持现有的畜群规模或控制损失。

表 5-3　GA 村 2012—2014 年不同租场方式的
牧户之间的畜牧业收益率比较　　单位：元

年份	租场类型	饲草料	租场费	兽医	围栏	户畜牧业成本	户畜牧业资产	畜牧业收益率
2012	租入	3 600	15 000	1 800	3 024	23 424	259 528	10%
	租出	900	0	400	4 033	5 333	105 325	19%
	无租场	1 100	0	800	6 000	7 900	125 290	15%
2013	租入	3 800	20 000	1 000	3 024	27 824	214 378	7%
	租出	2 000	0	400	4 033	6 433	130 585	19%
	无租场							
2014	租入	6 000	20 000	412	3 024	29 436	208 260	6%
	租出	2 500	0	433	4 033	6 966	127 915	17%
	无租							

注：2013 年和 2014 年，因为对租场的需求持续增加，GA 村的牧户样本中没有牧户无租场。

从上文的分析来看，贵南县的 GA 村实施草场承包到户后，维持牲畜移动和获取更多时空尺度上的草场资源都需要通过草场使用权的交易来获得。尤其是面临干旱等自然灾害的时候，畜牧业生产成本包括租场和购买饲草料的成本明显增加。然而，GA 村投入更多的畜牧业成本并没有促进畜牧业生产量的提高。从牲畜死亡率和牲畜生产量的分析结果中可以看出，执行草场承包到户后畜牧业生产量呈持续下降的趋势。同样地，从 GA 村不同类型租场牧户之间的比较可以看到，租入草场虽然恢复了一定的牲畜移动，但是他们的畜牧业收益率持续下降，说明草场流转并没有从根本上改善畜牧业生产效率。与此相比，贵南县 GB 村通过放牧配额管理保持草场共用的制度，虽然也会增加一定的畜牧业生产成本，但成本水平明显低于 GA 村，而且畜牧业生产量，包括牲畜死亡率和挤奶量都呈现提高或者没有变化的趋势。基于此，在畜牧业生产方面，本书认为基于社区的放牧配额管理比草场流转更有效。草场流转虽然帮助了一些个别牧户控制牲畜死亡率以及恢复了一定程度上的牲畜移动，但总体畜牧业的生产率并没有得到改善。

5.2 案例二：若尔盖县案例村的畜牧业生产对比

在畜牧业生产方面，首先评价制度变化后两个村的畜牧业生产量、牲畜死亡率和畜牧业收益率的变化，并进一步从成本结构方面分析畜牧业收益率变化的原因。

5.2.1 畜牧业生产量

畜牧业生产量主要体现在产奶量变化上。本书通过牧民的感知率分析不同的草场管理制度对畜牧业生产量的影响。从图 5-2 可以看出，2012—2014 年，RA 村提出产奶量增加的牧户明显少于 RB 村，并从 2012 年的 27%减少到了 2014 年的 17%。与此相比，在 RA 村，提出产奶量增加的牧户从 2012 年的 57%增加到了 2014 年的 84%，认为产奶量减少的牧户从 2012 年的 10%减少到了 2014 年的 0。从 RA 村和 RB 村的畜牧业生产量比较中可以看出，两个村采取的草场管理制度不一样，对畜牧业生产量的变化具有明显的影响。从 RA 村的调查数据可以看出，执行草场流转后，牧民认为该村的产奶量明显下降；相反，RB 村的调查结果表明该村执行放牧配额管理的制度安排后，产奶量呈明显提高的趋势。

5.2.2 牲畜死亡率

牲畜死亡率方面，本书主要分析每年牛死亡数占总牛数量的比例以及样本户之间的牲畜死亡率分布的标准差。如表 5-4 所示，RA 村的牲畜死亡率呈逐年上升的趋势，牛的死亡率从 2009 年的 10%增加到 2014 年的 17%。与此相比，RB 村的牲畜死亡率呈持续减少的趋势，牛死亡率从 2009 年的 13%下降到 2014 年的 7%。另外，RA 村的样本户之间的牛死亡率标准差呈增加的趋势，体现出村内牧户之间的牲畜死亡率差异加大。然而，RB 村牧户之间的死亡率标准差没有明显的变化，说明了该村牧户之间的牲畜死亡率的差异在放牧配额管理执行前后没有明显的变化。从牲畜死亡率的分析中可以看出，RA 村执行草场流转后，牲畜死亡率明显增加，并且牧户之间的牲畜死亡率差异也在加大。与此相比，RB 村执行放牧配额管理后，牲畜亡率明显减少，牧户之间的牲畜死亡率差异没有增加。

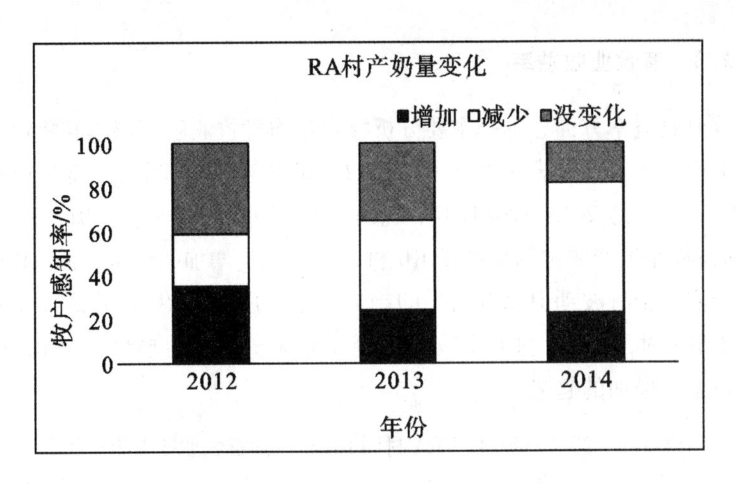

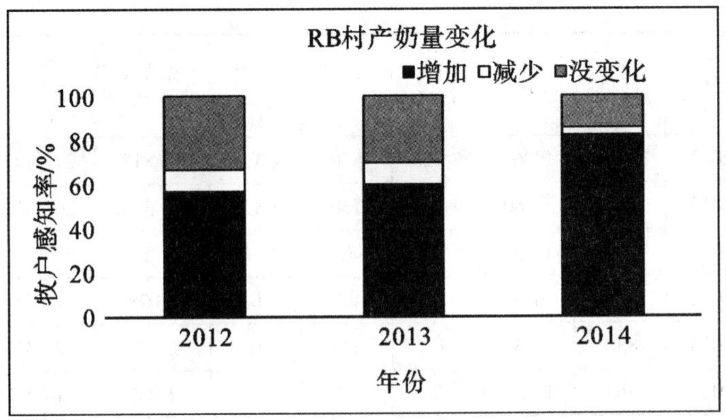

图 5-2　RA 村和 RB 村的产奶量和牲畜膘情变化牧户感知率比较①

表 5-4　RA 村和 RB 村村制度变化前后的牛羊死亡率比例变化比较

年份	RA 村		RB 村	
	牛死亡率/%	死亡率标准差	牛死亡率/%	死亡率标准差
2009	10	0.06	13	0.06
2012	11	0.07	10	0.07
2013	16	0.10	8	0.07
2014	17	0.10	7	0.06

① 调查中，2012 年的感知率是与制度变化前的生产量进行对比，而之后每年的感知率都是与前一年的生产量进行对比。

5.2.3 畜牧业收益率

畜牧业收益率方面，本书主要分析牧户年均畜牧业生产成本和牧户年均畜牧业总资产的比值。如表 5-5 所示，2012—2014 年，RA 村牧户畜牧业资产低于 RB 村，尤其是 2013—2014 年呈现出明显的差异。同时，2012—2014 年，RA 村的畜牧业生产成本明显高于 RB 村，并呈逐步增加的趋势，而 RB 村的畜牧业生产成本稍有波动但没有增加的趋势。综上所述，RB 村的畜牧业收益率明显高于 RA 村，且 RA 村的畜牧业收益率呈逐步减少的趋势，而 RB 村的畜牧业收益率呈增加的趋势。

表 5-5 2012—2014 年 RA 村和 RB 村牧户畜牧业收益率分析

单位：元

村名	年份	饲草	饲料	租入草场	兽医	围栏成本	畜牧业生产成本	牧户畜牧业资产	收益率
RA 村	2012	489	906	7 726	570	4 122	13 813	274 747	19%
	2013	815	1 560	9 089	730	4 122	16 315	265 352	15%
	2014	1 426	1 859	9 926	900	4 122	18 233	259 013	13%
RB 村	2012	975	653	0	400	0	2 028	278 775	136%
	2013	838	753	0	548	0	2 139	306 351	142%
	2014	364	1 065	0	675	0	2 082	314 790	150%

注：围栏是固定资产投入，寿命期设为 5 年，表中计算总围栏投入/5 年。

与贵南县的两个案例村一样，若尔盖县的这两个村的畜牧业收益率差异也受到两个主要因素变化的影响，即畜牧业成本和资产。从表 5-5 中可以看出，两个村之间的畜牧业生产成本有明显的差异。从成本结构来看，第一，RA 村各类畜牧业生产成本中，租草场成本最高，从 2012 年的户均 7 726 元增加到 2014 年的户均 9 926 元。与此相比，RB 村执行放牧配额后，草场仍然全村共用，所以并没有租场成本。第二，RA 村执行草场流转后，建立围栏用于明确牧户之间的草场边界，所以产生了巨大的成本。然而，RB 村并没有草场承包到户，所以没有草场围栏成本。第三，两个案例都有购买饲草料的成本，尤其是购买饲料的成本相对较高，并且在 2012—2014 年之间均呈增加趋势，但 RA 村的饲草料成本明显高于 RB 村。综上所述，RA 村 2012—2014 年的畜牧业生产成本明显高于 RB 村，导致其收益率低于 RB 村，并呈显著下降趋势；然而在 RB 村，由于畜牧业生产成本低，并且 2012—2014 年没有出现增涨的趋势，从而畜牧业收益率呈增涨的趋势。

专栏 5-2　租入草场牧户的畜牧业生产的变化情况

GQJ 今年 42 岁，家里有六口人，包括父亲、他们夫妇二人以及三个孩子。其中最大的儿子 21 岁，2014 年考进大学。他们家有 1 400 亩草场，2009 年的时候，有 120 头牛、200 只羊。但到了 2014 年的时候只剩 70 头牛，没有羊。我们在访谈中问他减少牲畜的原因，他说："执行草场承包到户的时候，我家分到的草场在湿地边上，夏天因为湿地的水位增加，难以使用，所以每年夏天都需要租入草场。但因为草场价格每年增加，去年（2013）我家在租入草场方面共投资了 17 000 元左右。另外，自从每户牧民建立围栏后，我家因为三个孩子都在上学，没人放羊，羊因此可能进入隔壁草场，破坏别人牧户的围栏。两年前（2012），我家羊钻入其他草场破坏了别人的围栏，我们赔了 3 000 元左右帮隔壁修护围栏。因此，我们从去年开始，把羊全部出栏卖了，现在靠 70 头牛来维持我们的生计。"

——2014 年四川省若尔盖县 RA 村访谈记录

影响畜牧业收益率的另一个因素是牧户畜牧业资产。如在贵南案例分析中提及的，除了年末存栏的牲畜数量和畜群结构的变化，畜牧业生产量和牲畜死亡率也是影响牧户畜牧业资产的两个重要因素。以上的分析显示，RA 村执行草场流转后牲畜死亡率持续增加，而畜牧业生产量呈下降的趋势。与此相反，RB 村执行放牧配额管理后在牲畜死亡率下降的同时畜牧业生产量明显增加。因此，RB 村的畜牧业资产高与 RA 村，且 RB 村的畜牧业资产在近几年呈稍有增加的趋势，而在 RA 村畜牧业资产呈持续下降的趋势。这也进一步说明了两个村执行不同制度安排后畜牧业收益率呈明显差异的原因。

RA 村执行草场流转主要驱动之一是牧户可以通过租入草场为生需提供更多的饲草空间，从而提高的畜牧业生产量。国家也强调通过通过草场流转解决"有畜无草和有草无畜"的矛盾。因此本书在这里进一步比较 RA 村内租入、租出和无租场行为的三类牧户之间的畜牧业收益率来分析草场流转是否能解决上述问题。表 5-6 分析结果显示，2012—2014 年，三类牧户的畜牧业收益率均呈持续下降的趋势。租入草场牧户的畜牧业收益率明显低于租出草场和无租场的牧户，主要是因为租入草场的成本很高，增加了该牧户的总畜牧业成本，同时牧户资产水平也减少，从而收益率呈下降。租入草场和无租场的牧户的畜牧业收益率下降主要因为饲草料成本增加的同时牧户资产水平持续下降。牧户访谈中也提到（专栏 5-2），因为草场承包后租场成本增加，牲畜数量减少，畜牧业生产也没有增加，从而整体畜牧业生产并没有得到改善。因此，本书认为租入草场虽然可以获得更多的草场资源，并在某种程度上恢复牲畜移动，但租入草场引起畜牧业生产成本增加，从而导致牧户畜牧业收益率下降。

表 5-6 RA 村 2012—2014 年不同租场方式的
牧户之间比较畜牧业收益率　　单位：元

年份	租场	饲草料	租场	兽医	围栏	畜牧业成本	资产水平	收益率
2012	租入	1 789	12 400	694	4 618	19 500	313 851	15%
	租出	421	0	514	3 464	4 399	236 509	53%
	无租场	444	0	350	3 733	4 527	234 631	51%
2013	租入	2 947	12 522	811	4 425	20 706	295 317	13%
	租出	533	0	333	3 464	4 330	204 028	46%
	无租场	1 576	0	683	3 733	5 860	226 364	38%
2014	租入	3 466	13 056	839	4 239	21 600	291 748	13%
	租出	2 350	0	500	3 464	6 314	185 741	28%
	无租场	3 380	0	1 440	3 733	8 553	214 746	24%

从若尔盖县的两个案例的畜牧业收益率比较可以看到，RA 村执行草场流转后，维持牲畜移动和获取更多时空尺度上的草场资源都依赖于草场使用权的交易来获得。因此，应对草场资源分布的异质性特征及极端的自然灾害的时候，该村的畜牧业生产成本包括租场和购买饲草料的成本明显增加。然而，RA 村投入更多的畜牧业成本并没有促进畜牧业生产量的提高。从牲畜死亡率和牲畜生产量的分析结果中可以看出，执行草场流转后畜牧业生产量呈持续下降的趋势，而死亡率呈增加的趋势。另外，RA 村内不同租场方式的牧户之间的比较也能体现租入草场牧户的畜牧业收益率也呈现出持续下降的趋势，说明草场流转并没有从根本上使得畜牧业生产得到提高。与此相比，RB 村执行放牧配额管理后，草场仍然是全村公共管理和使用，因此畜牧业生产成本非常低。此外，放牧配额的执行减少了全村总牲畜数量的扩大，但同时保持了社区原有的共用草场、四季游牧以及日常的放牧方式，因此该村的畜牧业生产量呈上升的趋势、牲畜死亡率呈下降的趋势。这说明了 RB 村执行放牧配额后，畜牧业收益率明显高于 RA 村并且呈现明显增加的趋势。

5.3 本章小结

两个案例区域的畜牧业生产分析结果显示，不同的草场管理制度对畜牧业生产有着明显的影响。无论是高寒草甸草原还是荒漠草原，实施草场流转后，两个案例村的畜牧业生产量呈下降的趋势，而牲畜死亡率呈上升的趋势，并且牧户之间的牲畜死亡率差异也在加大。与此相比，实施放牧配额管理制度的两个案例村的分析结果显示，这两个村的畜牧业生产量和牲畜的死亡率没有太大的变化，甚至呈稍有减少的趋势，同时牧户之间的牲畜死亡率差异也有所减小。在畜牧业收益率方面，实施草场流转后畜牧业收益率呈逐步减少的趋势，但执行放牧配额管理的两个案例村的畜牧业收益率稍有增加。另外，实施草场流转的案例村内不同租场牧户的对比显示，尤其是贵南县GA村的对比显示，租入草场牧户的收益率低于租出草场和无租场行为的其他两类牧户，说明租入草场虽然可以缓解短期的饲草紧缺问题，并在一定程度上恢复牲畜移动，但持续下降的收益率说明草场流转并没有从根本上改善畜牧业生产水平。基于此，本书认为草场流转通过租入草场的方式能为牧户短期内恢复小尺度上的牲畜移动，但是不能促进社区尺度上的季节性移动放牧，所以畜牧业生产未能得到改善，并且随着草场流转的市场竞争逐渐激烈，草场租金不断上涨，牧户的畜牧业生产成本持续增加，给牧民带来了长期的经济负担和压力。与此相比，牧民自组织的基于社区的放牧配管理保持了传统的社区共用草场和放牧方式，通过放牧配额权的明晰来控制村内的牲畜数量，从而，畜牧业生产方面有所改善。虽然购买饲草料和放牧配额的交易增加了畜牧业生产成本，但明显低于草场流转的成本，所以，总畜牧业收益率更高并在调研期间呈持续增加的趋势，因此，基于社区的放牧配额管理在畜牧业生产方面比草场流转的管理制度更有效。

虽然贵南县的GB村和若尔盖县的RB的畜牧业收益率明显高于同一个案例区域执行草场流转的案例村，但是两者之间存在着一些差异：第一，GB村2012—2014年的畜牧业收益率没有明显的变化，甚至在2014年时略微有所下降，但在RB村，畜牧业收益率2012—2014年呈明显上升的趋势；第二，从畜牧业收益率的结构分析中可以看出，在GB村，牧户之间的放牧配额交易需要进行补偿，并且该村牧户购买饲草料成本也相对较高。因此，GB村牧户的畜牧业资产虽然呈持续增加的趋势，但因为畜牧业生产成本增加，导致畜牧业收益率没有上升。与此相比，从RB村的畜牧业收益率的结构中可以看出，执行不可交易的放牧配额管理后，该村的畜牧业生产成本并没有大幅度增加，这可能是该村的畜牧业收益率呈持续上升的原因之一。

6 草场制度与牧民生计[1]

生计包括用于谋生所需的能力、资产以及活动（Scoones，2015）。如果一种生计方式能够适应变化和冲击并维持或加强其能力和资产，同时又不损害自然资本的基础，那么这种生计方式可称为可持续的生计方式（Chamber & Conway，1992）。英国发展研究所（Institute of Development Studies）的一些学者认为（Scoones，1998）在特定的背景下（政策、历史、农业生态和社会经济条件等），可持续生计应被理解为不同的生计资源（不同类型的资本包括社会资本、自然资本等）组合决定了不同的生计策略和生计结果。在这一框架中特别令人感兴趣的是制度的进程（嵌入于正式和非正式制度和组织中）如何影响执行生计策略的能力并实现想要的生计结果。制度是社会的黏合剂，它将利益相关者与获得不同种类的资本和行使权力的手段联系在一起，从而影响利益相关者所采取的是积极或消极适应性生计策略（Scoones，1998）。这些制度不仅塑造了土地利用和经济生产力的模式，还影响了个人与土地的关系，进而对牧民的生计带来结构性转变（Lesorogol，2005）。因此，本书认为，牧区的不同草产管理制度协调牧民如何获得生计资源并定义开展不同生计策略的机会和挑战，进而对生计产生不同的影响，包括对家庭资产水平和贫富差距的影响。

6.1 案例一：贵南县案例村的牧民生计对比

6.1.1 牧户资产对比

根据 Scoones（1998），生计的可持续性主要与适应社会生态变化过程中保持或者提高个体的资产和能力有关。因此本书从资产的角度来评价不同草场管理制度对牧民生计带来的影响。牧民的资产可以分为三类：第一，牧户年均畜

---

[1] 本章的部分数据已经发表于自然资源学报和 Land Use Policy。

牧业纯现金收入，也就是一年的畜牧业生产的收入和支出的平衡。除了正常畜牧业经营的收入成本，也包括草场流转的费用。第二，年末存栏牲畜量。牲畜不仅作为产品成为牧民的主要收入来源，同时也是生产资料，保持富有生产力的基础母畜和足够的年末存栏是畜牧业可持续生产发展的保障。同时，牲畜也发挥着投资、储蓄、保险的功能。因此，存栏牲畜量是牧户资产的重要组成部分。第三，牧民自己消费牲畜产品的数量。牧民日常自己消费的很多产品包括肉类和奶制品都是自己生产的，而并非从市场购买，是资产的一部分。

如表 6-1 所示，2012—2014 年 GA 村的总户均资产呈持续下降的趋势，从 2012 年的 18.94 万元减少到 2014 年的 16.96 万元。GB 村的户均资产虽然在 2012 年和 2013 年低于 GA 村，但是呈逐年上升趋势，到了 2014 年，户均资产开始高于 GA 村。从两个村三年的户均资产水平的变化中可以看出，GA 村执行草场流转后，牧民的资产水平稍有下降，然而 GB 村执行放牧配额管理后牧民的资产水平没有下降。

表 6-1　GA 村和 GB 村 2012—2014 年牧户资产水平比较

单位：万元

村名	年份	年均畜牧业纯现金收入	自消费畜产品折合资产	年末存栏牲畜折合资产	户均资产
GA 村	2012	4.39	1.35	13.93	18.67
	2013	3.89	1.39	13.69	18.97
	2014	3.31	1.49	12.84	17.64
GB 村	2012	3.66	1.16	11.36	16.18
	2013	4.23	1.07	12.83	18.12
	2014	4.84	0.95	13.31	19.08

注：1. GA 村包含了租出草场牧户的租场收入和租入草场牧户的租场成本。
2. 自消费畜产品包括牛羊肉和酥油奶渣以同期的市场价格折算成资产。
3. 年末存栏的牲畜数量为从总牲畜数量中扣除同年的死亡数、出栏数和自消费数后的牲畜数量，以同期市场价折合成资产。

进一步对资产结构进行分析显示（如表 6-1），2012 年 GA 村的畜牧业纯现金收入高于 GB 村，但在随后的两年内，GA 村的畜牧业纯现金收入低于 GB 村，并从 2012 年的户均 4.39 万元持续下降到 2014 年的户均 3.31 万元。与此相反，GB 村的年均畜牧业纯现金收入从 2012 的户均 3.66 万元逐步增加到 2014 年的 4.84 万元。年均畜牧业纯现金收入主要取决于畜牧业生产成本、牲畜死亡率和牲畜生产量的变化。本书将在下一章探讨两个村的畜牧业的生产部分，详细讨论这几个变量的变化以及怎么影响两个村的畜牧业纯现金收入的变化。

影响户均资产变化的另一个重要变量是年末存栏牲畜量的变化（如图 6-1）。GA 村的年末存栏牲畜折合成资产在 2012—2013 年明显高于 GB 村，但到了 2014 年的时候明显低于 GB 村。并且 GA 村的年末存栏资产从 2012 年的 13.93 万元持续下降到 2014 年的 12.84 万元，而在 GB 村年末存栏的资产没有减少。GA 村执行草场流转后，畜牧业收入下降的同时年末存栏的资产也在降低，这说明 GA 村的纯现金收入的下降并不是由牧户为了扩大畜群而减少牲畜出栏造成的。与此相反，在 GB 村执行放牧配额交易后，该村年末存栏的资产和纯现金收入都呈持续增加的趋势。

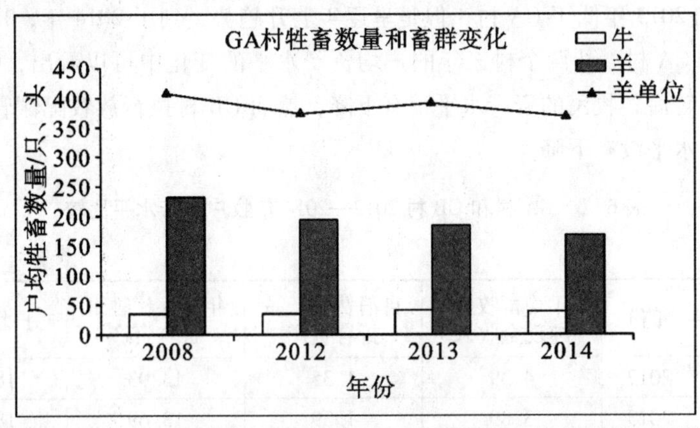

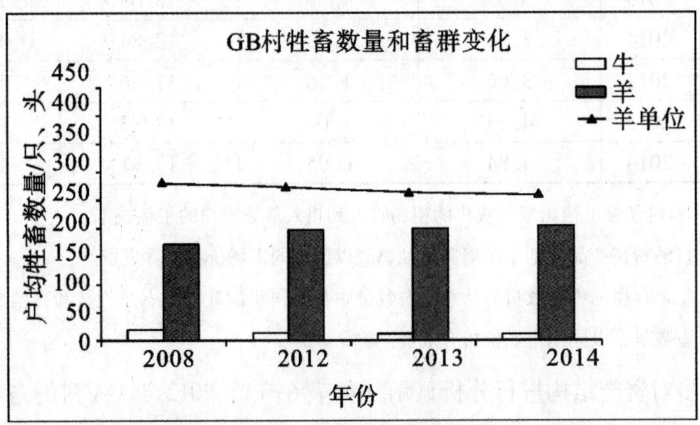

图 6-1　草场管理制度变化前后牲畜数量与畜群规模变化的比较

为了解释 GB 村出栏减少但是现金收入却增加、而 GA 村出栏增加但是现金收入减少的现象，在这里进一步分析两个村采取不同草场管理制度前后年末存栏的牲畜数量和畜群结构的变化。如图 6-1 所示，与制度变化前比较，两个村执行新的制度安排后牲畜总数量都有减少。然而，两个村的明显差异在于畜群结构的变化，尤其是羊的数量的变化。GA 村执行草场流转后羊的数量明显减少，从 2012 年的户均 194 只减少到 2014 年的户均 168 只羊。然而，在 GB 村，2012—2014 年羊的数量略有增加，从 2012 年的 198 只增加到 2014 年的 205 只。根据牧户访谈，虽然羊的繁殖率高、收入周转快，但羊需要更大空间上的移动来维持生产，且需要有专门的羊倌放牧。而执行草场承包到户后由于可移动的草场面积减少以及独户经营劳动力的限制，GA 村羊的数量持续下降，即便采取草场流转，这种情况总体上也没能得到改善。与此相比，GB 村由于草场依然保持共同使用，草场共用的管理下放羊的人工成本也较低，因此羊的数量保持不变甚至稍有增加。根据 GB 村牧户访谈，以一头牛等于 5 个羊单位的饲草需求量计算，2014 年一头牛出栏的市场均价为 3 000 元，而一只羊出栏的市场均价为 850 元，如不计劳动力成本，那么同样的饲草需求量下，养羊的收益比牛高出 29%。如果考虑作为生产资料，母羊是 2 岁即可产羔，而牦牛是 3 年或 4 年之后才能繁殖，无疑养羊的收益将更大，因此 GB 村在草场管理灵活的前提下让牧民选择养羊。综上所述，首先 GA 村执行草场承包后羊的数量持续下降，而 GB 村由于执行放牧配额管理而保持草场共用因此羊的数量呈持续增加的趋势。因此，虽然 GB 村的户均羊单位数量低于 GA 村，但是该村羊的数量没有减少且稍有增加，而 GA 村的羊数量明显较少，因此到了 2014 年，GB 村的年末存栏资产已明显高于 GA 村。

表 6-2　GA 村 2012—2014 年租出、租入草场的牧户之间的牧户资产水平比较　　单位：万元

年份	租场	畜牧业纯现金收入	自消费畜产品折合资产	年末牲畜存栏折合资产	户均资产水平
2012	租入	9.55	1.50	14.91	25.95
	租出	-0.89	1.30	10.12	10.53
	无租场	1.43	1.06	10.05	12.53
2013	租入	5.01	1.50	14.93	21.44
	租出	0.09	1.29	11.67	13.06
	无租场				
2014	租入	4.90	1.59	14.34	20.83
	租出	-0.02	1.42	11.56	12.79
	无租场				

注：1. 2013 年和 2014 年，因为对租场的需求持续增加，GA 村的牧户样本中，没有牧户无租场。

2. 考虑到租入、租出草场牧户数量的变化，因此进行典型牧户比较。

在GA村，执行草场流转的主要原因之一是少畜户和无畜牧户可以通过出租草场获取收入，改善生计。因此本书将进一步比较该村不同租场的牧户之间的资产水平。根据表6-2的分析结果，租出草场的牧户具有租场的收入，因此，总户均资产在2012—2013年有所增加，但在2014年却呈稍有减少的趋势，这与租出草场牧户的畜牧业纯现金收入不稳定有关系。在牧户访谈中牧民也提到，"虽然执行流转后我们有机会出租草场，获取收入。但我们没有能力寻找其他收入来源，畜牧业生产依然是我们的主要生计依靠。但因为我们没有资金能力租入草场来稳定和提高畜牧业收入，所以整体收入不稳定，生计难以得到改善"。因此，本书认为，虽然草场流转为无畜户和少畜户提供了获取收入的机会，但对这些牧户来讲，租出草场的收入只占一部分，另一部分主要的收入来源依然需要依靠畜牧业生产，因此，在草场流转下畜牧业生产的收入持续下降，他们的生计没有得到根本上的改善。

6.1.2 牧户贫富差距

本书认为不同的草场管理制度对牧户个体获得草场资源的途径以及牧户个体之间的资源分配格局有着不同的影响，从而对村内的贫富差距可能有着不同的影响，因此本文在这里采用箱线图来表示牧户畜牧业资产分布情况，以比较两村贫富差距的程度。图6-2显示了两个案例村2012—2014年的牧户资产分布的变化。在2012—2014年，相比于GB村，GA村牧户资产分布的最大值和最小值之间的差距稍有增加，从2012年的32.10万元（37万元-4.9万元）增加到2014年的32.54万元（35万元-2.46万元），说明该村的贫富差距稍有增加。专栏5-2的牧户访谈中也提到，该村执行草场流转后，虽然为贫困户提供了获取收入的机会，但因为没有资金能力租入草场来维持畜牧业生产，整体的畜牧业资产减少，导致牧民的生计方面面临各种贫困问题。然而，在GB村，牧户资产分布的最大值和最小值之间的差距呈缩小的趋势，从2012年的29.83万元（34.75万元-4.92万元）减少到2014年的26.40万元（32.56万元-6.16万元），说明该村的总体贫富差距在缩小。另外，GB村的中位数从2012年的13.91万元增加到16.68万元，75%的分位数从2012年的19.74万元增加到2014年的24.27万元，这也说明了GB村贫富差距的缩小不是以总体资产的减少为代价的。然而，在GB村，2014年的25%分位数与2013年比较稍有减少，25%分位数从2013年的13.24减少到2014年的13.17万元，因此该村低资产人群资产在2014年稍有下降，但下降不明显。

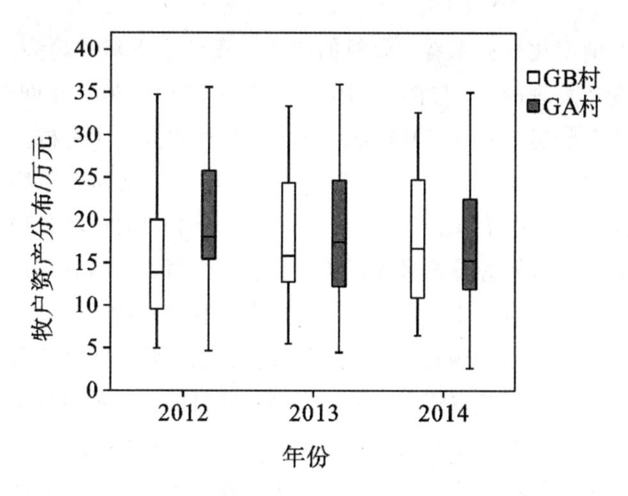

图 6-2　GA 村和 GB 村 2012—2014 年牧户资产分布情况①

专栏 6-1：关于 GA 村贫困户资产水平下降的原因

XZJ 今年 32 岁，家里有四口人，除了夫妇俩外，还有一个三岁的男孩和刚出生的女儿。他有 120 亩草场，2014 年家中有 4 头母牛。他们是 2008 年时候新成立的家庭，而那时候因为全村草场已经承包到户，所以他的 100 亩草场是从他父亲家的草场中划出给他的。他现在的主要收入来源是租出草场的收入、国家补贴以及自己在县和乡务工挣来的收入。访谈中，问他为什么没有从事畜牧业的时候，他回答说："新成立家庭的时候，自家大概有 20 头牛、32 只羊。那时候虽然我成立了新的家庭，但草场与我父亲的家庭共用，所以草场相对充足，那时候的畜牧业生产也能维持我们家的生计。然而，大概 5 年前，我们村租入草场的人越来越多，草场的价格也开始不断增长。而这时候，我父亲明确要求把两家草场分开，建立围栏来明晰边界。从那以后，我自己只有 100 多亩草场，无法支撑我的牲畜，牲畜死亡率逐年增加，2 年前的冬天一年共死了 9 头牛、15 只羊。因此，那年我就决定放弃畜牧业，把草场租出去，我们自己长期住在冬季草场。我自己没上过学校，所以只能到县和乡上寻找一些务工收入。现在一年的现金收入有 12 000 左右，但不像以前，这样的收入无法满足我们的生活需求。以前虽然现金收入低，但至少有牲畜，不用担心基本的吃穿问题，但现在如果没有持续的现金收入就可能面临很多生计问题。去年收入低，我在亲戚朋友那里借了 20 000 元来维持我们的生计，而今年希望租场和务工收入能归还去年的债务。"

——2014 年青海省贵南县 GA 村牧户访谈记录

上述的分析结果显示，通过草场承包到户促进草场经营权流转能为牧户个体，尤其是贫困户创造获取收入的机会，从而使他们的现金收入有所改善。然

① 箱线图中的中间线代表中位数，而箱的上下线代表 75%分位数和 25%分位数。

而，牧户资产的变化趋势来看，该村的户均总资产呈下降的趋势。与此对比，实施了放牧配额管理的 GB 村的户均资产虽然在 2012—2013 年间低于 GA 村，但是呈逐年上升趋势，到了 2014 年，户均资产开始高于 GA 村。此外，从村内的牧户资产分布情况来看，GA 村实施草场流转后，贫富差距略有增大，但在 GB 村没有明显的差异。基于此，本书发现两个不同的草场管理制度影响牧民的放牧方式和草场资源分配过程，从而影响两个村的畜牧业生产、畜牧业收入和年末牲畜存栏，进一步引起了户均资产水平和分布的差异。基于社区的放牧配额管理在社区共用草场的基础上控制牲畜数量，牧户个体之间有效分配放牧配额权，从而能促进牧户资产水平的提高，而且能公平地分配草场资源的获得权，从而使村内的贫富差距没有加剧。与此相比，草场流转虽然为少畜户和贫苦户提供了额外的收入机会，但他们的生计在根本上没有得到改善，并且村内的贫富差距也在不断加大。

6.2 案例二：若尔盖县案例村的生计对比

6.2.1 牧户资产对比

本文对若尔盖县的两个村分析牧户资产的方法与贵南县案例村一致，对比不同的草场管理制度下的牧户资产变化与对比。如表 6-3 所示，在 2012—2014 年 RA 村的户均资产水平低于 RB 村，并呈持续下降的趋势，从 2012 年的户均资产 27.47 万元减少到 2014 年的 25.90 万元。然而，RB 村的户均资产水平呈逐年上升趋势，从 2012 年的 27.88 万元增加到 2014 年的 31.48 万元。从两个村三年的户均资产水平的变化中可以看出，RA 村执行草场流转后，牧民的资产水平在持续下降，然而 RB 村执行放牧配额管理后牧民的资产水平未呈现出增加的趋势。

表 6-3 RA 村和 RB 村 2012—2014 年牧户资产水平比较

单位：万元

村名	年份	畜牧业纯现金收入	自消费畜产品折合资产	年末牲畜存栏折合资产	户均资产水平
RA 村	2012	5.00	0.49	21.99	27.47
	2013	5.57	0.43	20.53	26.54
	2014	4.02	0.44	20.44	25.90

表6-3(续)

村名	年份	畜牧业纯现金收入	自消费畜产品折合资产	年末牲畜存栏折合资产	户均资产水平
RB 村	2012	6.20	0.87	20.81	27.88
	2013	6.43	0.94	23.26	30.64
	2014	6.86	1.09	23.52	31.48

注：1. RA 村包含了租出草场牧户的租场收入和租入草场牧户的租场成本。

2. 自消费畜产品包括牛羊肉和酥油奶渣以同期的市场价格折算成资产。

3. 年末存栏的牲畜数量为从总牲畜数量中扣除同年的死亡数、出栏数和自消费数后的牲畜数量，以同期市场价折合资产。

资产结构分析显示（见表6-3），2012—2014 年，RB 村的户均畜牧业纯现金收入明显高于 RA 村，并从 2012 年的户均 6.20 万元持续增加到 2014 年的户均 6.86 万元。与此相比，RA 村的户均畜牧业纯现金收入从 2012 年的 5.00 万元下降到 2014 年的 4.02 万元。年均畜牧业纯现金收入变化主要由畜牧业生产成本、牲畜死亡率和牲畜生产量的变化所决定。本书在上一个章的畜牧业生产影响部分详细讨论了这几个变量的变化怎么影响两个村的畜牧业纯现金收入。

影响户均资产变化的另一个重要变量是年末存栏牲畜折合资产的变化。RA 村的年末存栏牲畜折合资产在 2012 年稍高于 RB 村，但在 2013—2014 年，该村的年末存栏的资产明显低于 RB 村。RA 村的年末存栏资产从 2012 年的 21.99 万元小幅度下降到 2014 年的 20.44 万元，而 RB 村年末存栏的资产从 2012 年的 20.81 万元逐步增加到 2014 年的 23.52 万元。因此，RA 村执行草场流转后，在年末存栏资产降低的同时纯畜牧业现金收入也持续下降。与此相反，在 RB 村执行放牧配额管理后，年末存栏的资产和纯畜牧业现金收入都有所增加。

为了解释 RB 村年末出栏减少但是现金收入却增加以及 RA 村年末牲畜出栏稍有增加但是现金收入减少的现象，笔者将进一步分析两个村制度变化前后的年末存栏的牲畜数量和畜群结构的变化。如图 6-3 所示，与制度变化前比较，两个村执行新的制度安排后牲畜数量都有减少。2012—2014 年，RA 村和 RB 村的户均羊单位都呈少有波动的趋势。然而，两个村的畜群结构方面有很大的差异。RA 村执行草场流转后羊的数量明显减少，从 2012 年的户均 15 只羊减少到 2014 年的 5 只羊，而牛的数量也呈稍有减少的趋势，从 2012 年的户均 182 头牛减少到 2014 年的 178 头牛，但依然是数量较多的畜群。根据牧户访谈得知，羊的繁殖率高、收入周转快，但羊对草的需求量大于牛，并且需要更大空间上的移动来维持生产。故而执行草场流转后由于可移动的草场面积减少，羊的数量持续下降。与此相比，RB 村执行放牧配额管理后户均羊的数量稍有增加，从 2012 年的

167 只羊增加到 2014 年的 173 只羊，而牛的数量没有太大的变化。根据牧户访谈，放牧配额控制了很多富裕牧户的总牲畜数量增加，并通过贷畜方式促进贫困户增加牲畜数量。贵南县两个案例村的分析已经提及，羊的收入周转快、繁殖率快，草场共用的管理下放羊的人工成本也较低，如不计劳动成本，那么在同样的饲草料需求量下，养羊的收益比牛高出 29%，因此 RB 村选择养羊的牧户增加。综上所述，RA 村执行草场流转后羊单位的存栏数持续下降的同时牛存栏数增加而羊的存栏数下降，从而使得该村的年末存栏的资产也呈持续下降。然而，RB 村执行放牧配额管理后年末存栏的羊单位呈持续增加的同时羊的存栏数呈明显增加的趋势。这也说明了 RB 村的年末存栏折合的资产呈增加趋势的原因。

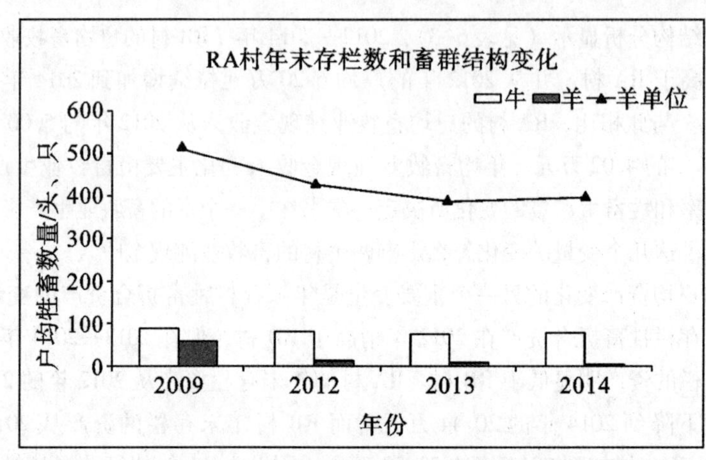

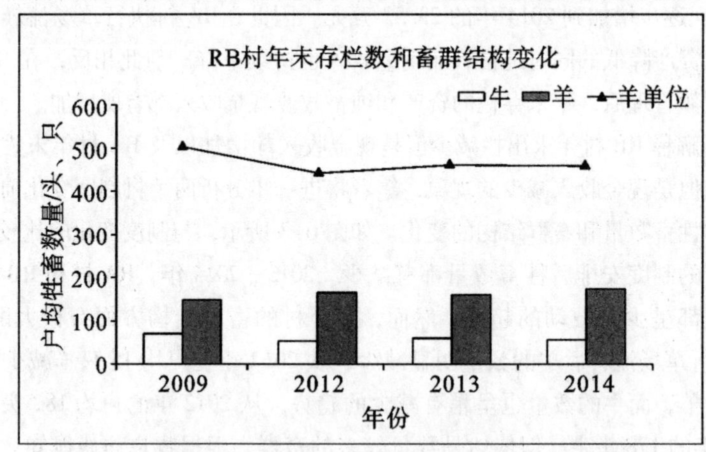

图 6-3　2009—2014 年 RA 村和 RB 村的年末存栏数比较

为了验证 RA 村草场流转是否为少畜户和无畜户提供了更多的收入，本书进一步比较了该村不同草场利用方式的牧户之间的资产水平。表 6-4 的分析结果显示，因为租出草场会获取收入，所以租出草场牧户的畜牧业纯现金收入稍高于租入和未租场的牧户，然而，租出草场牧户的年末牲畜存栏资产明显低于租入和未租场的牧户，并呈持续下降的趋势。因此，租出草场的牧户资产水平明显低于租入草场的牧户。2012 年租出草场的牧户资产稍高于无租场的牧户，但是，在 2013—2014 年明显低于无租场的牧户。此外，在 2012—2014 年，采用三种不同租场方式的牧户的资产水平皆呈现出下降的趋势。因此，本书认为，虽然草场流转为少畜和无畜户提供了获取收入的机会，但这些牧户的资产水平持续下降，说明他们的生计没有得到根本上的改善。

表 6-4　2012—2014 年 RA 村不同租场方式的牧户之间的资产水平比较

单位：万元

年份	租场	畜牧业纯现金收入	自消费畜产品折合资产	年末牲畜存栏折合资产	户均资产水平
2012	租入	4.77	0.50	26.12	31.39
	租出	5.87	0.42	17.36	23.65
	无租场	4.49	0.54	18.43	23.46
2013	租入	5.45	0.47	23.61	29.53
	租出	5.27	0.25	14.88	20.40
	无租场	6.05	0.42	16.17	22.64
2014	租入	4.98	0.50	23.69	29.17
	租出	6.07	0.25	12.25	18.57
	无租场	5.09	0.38	16.00	21.47

注：考虑到租入、租出草场牧户数量的变化，因此进行典型牧户比较。

6.2.2 牧户贫富差距

本书采用箱线图来分析牧户畜牧业资产分布情况，比较 RA 村和 RB 村的贫富差距的程度。图 6-4 显示了两个案例村 2012—2014 年之间的牧户资产分布的变化。在 2012—2014 年，RA 村和 RB 村相比，两个村的牧户资产分布的最大值没有明显的变化，但最小值的变化差异较大。在 RA 村，牧户资产分布最小值从 2012 年的 7.76 万元下降到 2014 年的 4.35 万，而在 RB 村，牧户资产分布的最小值从 2012 年的 2.68 万元提高到 2014 年的 8.28 万元。这说明 RA 村的贫富差距呈增加的趋势，而 RB 村的贫富差距呈现稍有缩小的趋势。专栏 6-2 的牧户访谈中也提到，RB 村执行放牧配额管理后，贫困户在没有启动资金的前提下有机会通过贷畜来扩大畜群增加收入，从而贫困户的畜牧业资产明显增加。通过放牧配额来控制牲畜数量和维持社区共用草场和季节性游牧方式，使得全村的牧户都能公平地获得各季节的草场，进而使得畜牧业生产有所改善，牲畜死亡率降低。此外，RB 村牧户资产分布的中位数增加，而 25%分位数从 2012 年的 18.37 万元增加到 2014 年的 22.37 万元，这也说明了 RB 村的贫富差距的缩小不是以总体资产的减少为代价的。

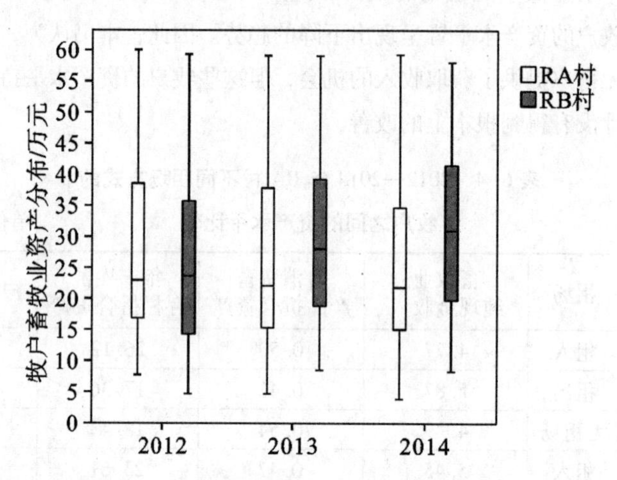

图 6-4　2012—2014 年 RA 村和 RB 村牧户资产分布情况①

专栏 6-2　RB 村执行贷畜后牧民的资产变化情况

CRZG 今年 43 岁，家里 4 口人，除了她自己外有 3 个女儿，最大的 22 岁，最小的 9 岁，老二和老三在上小学。2008 年的时候她家有 14 头牛、8 只羊、1 匹马，而到了 2010 年的时候她家已经有 40 头牛和 58 只羊。最小的女儿出生不到一岁的时候，丈夫因旧病突发去世，全家的生计单靠她一人承担。访谈的时候她说："我们家的生活比以前富裕了很多。以前因为牲畜数量少，每年的生活费不足，需要从亲戚家借钱，但我最近三年都没有贷款或者借款。自从村里执行放牧配额管理，开始控制牲畜数量后，我叔叔家因为牲畜多，每年都会超过放牧配额数。所以我在 2010 年的时候从他家贷入了 14 头母畜（其中 8 头是三岁的，其余是两岁的），我家总共有约 30 头牛、十几只羊。我们母女俩努力放牧后，第二年（2011 年）的时候，我们出售了 200 多斤（1 斤=500 克，下同）酥油，并且 8 头三岁的牛交配产仔存活下来了 5 头牛犊子。去年（2013 年），我们又从叔叔家贷入了 40 只两岁的羊，今年年底准备出售。"

——2014 年四川省若尔盖县 RB 村牧户访谈记录

① 箱线图中的中间线代表中位数，而箱的上下线代表 75%分位数和 25%分位数。

在牧民生计方面，牧户资产的分析结果显示，2012—2014 年 RA 村的户均资产水平明显低于 RB 村，并呈持续下降的趋势，而 RB 村执行放牧配额后牧民的资产水平呈增加的趋势。另外，RA 村内不同租场方式的牧户之间的对比结果显示，虽然草场流转为少畜和无畜户提供了获取收入的机会，但这些牧户的资产水平持续下降，也说明了他们的生计没有得到根本上的改善。在贫富差距方面，牧户资产分布的分析结果显示，RA 村执行草场流转后的贫富差距高于 RB 村。RB 村的贫富差距的缩小主要是因为贫困户的资产增加，但富裕户的资产水平并没有下降。这表明 RB 村贫富差距的缩小并不是以该村总体资产下降为代价的。

6.3　本章小结

从贵南县和若尔盖县的案例对比分析中可以看出，草场流转政策的实施保障了牧户个体的产权，为少畜和无畜的牧户创造了获得收入的机会。然而，租出草场的收入只占牧户收入的一部分，另一部分依然需要依赖于畜牧业生产。实施草场流转后，很多贫困户没有资金来租入更多草场，使得牲畜无法在更大时空尺度上进行移动来获得更好的草场以及提高畜牧业生产，因此，GA 村和 RA 村实施草场流转后，户均资产呈下降的趋势。其次，实施草场流转后，村内的很多贫困户因没有资金租入更多的草场来扩大畜群规模以及畜牧业生产，从而村内的资产分布呈现出极端分化的趋势。与此相比，GB 村和 RB 村实施基于社区的放牧配额管理后，通过放牧配额权的交易以及贷畜等方式来分配牧户之间的资源来保证全村的牧户都能公平地获得草场资源的权力，使得两个村的牧户资产并未呈减少，并且，村内的贫富差距也呈逐渐缩小的趋势。

虽然实施了放牧配额管理的两个案例村的牧户生计方面有很多相似之处，但也存在一些差异，尤其是牧户资产分布方面有一些明显差异。牧户资产分布的分析结果显示，虽然贵南县的 GB 村和若尔盖县的 RB 村执行放牧配额管理后均呈贫富差距缩小的趋势，然而两个村在资产分布的变化方面也存在差异。GB 村贫困户的资产水平在增加的同时富裕户的增产水平在明显减少。与此相比，RB 村贫富差距缩小主要是因为贫困户的资产水平提高，但富裕户的资产水平并没有太大的变化，这表明 RB 村贫富差距的缩小并不是以该村总体资产下降为代价的。

7 草场制度与草场生态

尽管人们越来越意识到气候因素在影响藏区草场生态功能方面的重要性（Wang et al., 2014; Hopping et al., 2018），但土地利用方式和牲畜移动模式的变化对草场生态系统具有直接影响（Li et al., 2017; Harris et al., 2015）。Miehe等人（2009）的研究表明，移动放牧的畜牧业生产模式是影响青藏高原牧区环境形成的关键因素之一，当前草场的植被群落结构和生物多样性是放牧干扰和牲畜选择性觅食形成的结果。许多研究已经发现，草场生态与放牧移动和放牧强度模式的变化相互响应（Cao et al., 2013; Harris et al., 2016; Li et al., 2018）。Harris等人（2016）在青海省进行的实验研究表明，过度集约放牧对建群种植被和土壤有负面影响（Harris et al., 2016）。Li等人（2017）的研究表明，随着牲畜移动的减少和土地利用强度增加，草场上的高植被逐渐变为矮植被，减少了草场上的植被覆盖率。草场制度的变化对牲畜移动和放牧强度有直接影响，从而重新定义资源使用者与草场生态系统之间动态关系和相互作用。近来土地管理的变化致使完整的草场景观被破碎化，从而限制资源使用者与他们生存和繁殖所需的生态和社会资源之间的相互作用（Hobbs et al., 2008），并且对草场生态系统产生负面影响。这些影响包括草场植被群落结构的变化，体现在可食的植被被不可食或有毒物种所替代（Zhou et al., 2005; Li et al., 2017）以及草场表层的逐渐破坏和地表生物数量的减少。不同的草场资源利用方式会通过草场生态与牲畜之间的动态关系的变化对草场生态系统的植被群落结构产生影响（Hobbs et al., 2008）。因此，本书将在本章中对两个案例村不同的草场管理制度下的植被群落结构的差异进行对比分析。

7.1 案例一：贵南县案例村草场生态变化

7.1.1 牧民对草场生态的观察

通过几千年人与自然的互动和共同演化，当地牧民有自己观察草场生态变化的方法，也被称为本土生态知识。因此，本书将先分析牧民对草场生态变化的感知。2014 年的牧户访谈结果显示（如图 7-1），GA 村执行草场流转后草场生态并没有得到改善，甚至呈现出进一步恶化的态势。草场承包后，虽然牧户之间的草场流转恢复了一定程度上的牲畜移动，但放牧压力依然集中在牧户个体的草场上。基于此，牧民认为牲畜移动减少增加了草场的裸地和鼠兔，导致草场植被逐渐以毒草为主。与此相比，GB 村的牧民提到，执行放牧配额管理后草场利用和牲畜移动方面都没有变化，因此，整体的草场生态状况没有变化。然而，也有一些牧民提到全村草场上毒草略有增多的情况。

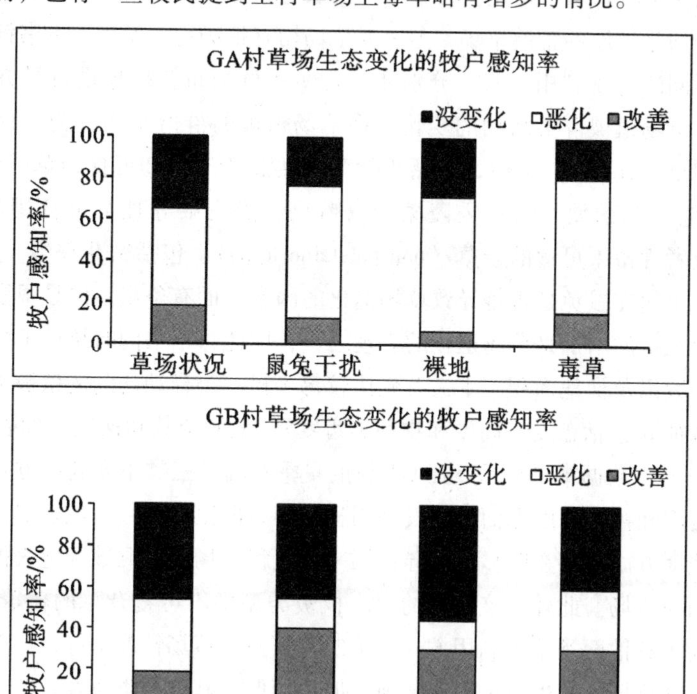

图 7-1　GA 村和 GB 村草场生态的变化牧户感知率变化分析

从牧户的感知率变化分析来看，牧民认为 GA 村的草场状况有所下降，并且牲畜不可食的杂草或者毒草也在逐渐增多。为了进一步分析和比较 GA 村和 GB 村的不同草场利用方式的变化对植被群落结构产生的影响，本书采用实地监测的样方数据，对比两个村之间的植被群落结构的分布。

7.1.2 植被群落特征

GA 村实施草场承包到户后，过去的四季草场变成现在的冬夏两季草场，并且每个季节的草场上出现了两种不同的草场利用方式：①无流转的自用草场，承包后既无租出也无租入草场，长期使用自家的草场。②被流转的草场，可以进一步分为两类：一是短期租出的草场，租出时间为几个月到一年不等，同时，一年里可能多次租出给不同的牧户；二是长期租出的草场，两年及以上租出给同一个牧户进行使用。夏季草场是峡谷，都是山地草场，没有平原，而冬季草场均是平原的荒漠草场。冬、夏草场均有租场行为发生。本书针对上述上三类不同的草场利用方式，分别在冬夏两季草场布置样地进行样方数据采集，对比草场植被群落结构的变化。将草场植被的群落结构分为三种植被类型：①禾草（grass species），包括小针茅、矮嵩草等；②可食杂草（palatable forbs），包括亚菊属、雪白委陵菜、鹰嘴豆、猪毛菜等牲畜可食用的杂草；③毒草或者牲畜不可食的杂草（non-palatable forbs），包括密花香薷、芨芨草、狼毒等。虽然在鼠兔是否是导致草场退化的因素方面有争议，但是很多研究都认为鼠兔数量的增加是草场退化的表现之一，因此，本书同时统计了样方中鼠兔洞的个数以及裸地面积。本文首先比较每个村三类样地之间的植被类型的植被群落特征（包括盖度、高度和物种丰富度）、鼠洞个数和裸地（如表 7-1）。

据表 7-1 数据结果显示，在 GA 村的夏季草场的三类不同利用方式之间的物种丰富度和植被高度方面尚未发现明显差异，但鼠洞个数、地表裸露度以及植被覆盖度方面却存在明显的差异：第一，短租草场的鼠洞数和地表裸露度高于其他两类草场。此外，该草场的三个植被类型中不可食杂草的覆盖度最高，同时也高于其他两类草场利用方式。第二，长租的草场情况最好，甚至好于自用草场。该草场虽然也有鼠洞和裸地，但比例低于其他两类草场。此外，该草场的禾草和可食杂草的覆盖度高于不可食杂草。

在 GA 村的冬季草场，短租和长租的草场均未发现鼠洞，但长租草场的地表裸露度明显低于其他两类草场（如表 7-1）。植被覆盖度方面虽然三类草场均呈较高的不可食杂草覆盖度，但短租草场的三个植被类型中不可食杂草的覆盖度最高，而其他两类草场均是禾草和可食杂草的覆盖度最高。此外，冬季草场的三个不同利用方式之间的植被高度具有明显的差异。长租草场的植被高度比例明显高于其他两类草场。根据这样的分析结果，无论在夏季还是冬季草场，短期租出和自用草场的放牧压力均高于长期租出的草场，长租草场的放牧压力相对要小一点。根据牧户访谈，引起这样的结果存在两个重要的原因：第一，牧民认为短租草场一年至少会被流转3次以上，而每次的流转期间牧户最大化地使用该草场，引起放牧压力过多导致地表裸露度增加，鼠洞也增加，随着裸地被不可食杂草侵占，植被群落结构也发生了变化；第二，长期流转的草场会与租场牧户自家的草场之间进行轮牧，并且牧户需要长期使用长租的草场，从而会更加珍惜长租的草场。与此相比，虽然自用草场牧户在利用过程中也会珍惜，但因为该牧户没有租场，牲畜并没有获得更大时空上的移动，使得放牧压力集中在自家草场，导致放牧压力呈增加的趋势。

表7-1　GA村不同草场利用方式的植被群落特征

草场类型	租场方式	鼠兔洞/个	地表裸露度/%	覆盖度/%			物种丰富度/个			高度/cm		
				禾草	可食杂草	不可食杂草	禾草	可食杂草	不可食杂草	禾草	可食杂草	不可食杂草
夏季草场（山坡）	短租	83	40	21	34	50	1	3	2	1	5	6
	自用	43	27	33	28	49	2	3	3	3	4	7
	长租	28	15	45	50	15	1	3	2	2	3	4
冬季草场（荒漠平原）	短租	0	20	45	50	59	3	5	4	13	15	21
	自用	0	20	60	52	40	4	6	3	10	10	12
	长租	0	7	55	63	30	4	5	3	31	20	20

注：自用指自用草场，即既无租出也无租入草场，长期使用自家的草场。

GB村执行放牧配额管理后，草场被全村集体利用，牲畜移动和放牧方式没有变化。GB村拥有三个季节的草场，但为了与GA村进行对比，本文在这里主要分析夏季和冬季草场的生态变化情况。在两个季节的草场里随机选取三个样地，分别为标记为RF1、RF2和RF3。本书针对这三个采样点，分别在冬夏两季草场布置样地进行样方数据采集，对比草场植被群落结构的变化。与GA村一样，将草场植被的群落结构分为三种植被类型：①禾草（grass species），包括小针茅、小嵩草；②可食杂草（palatable forbs），包括亚菊属、雪白委陵菜、鹰嘴豆、猪毛菜等；③毒草或者牲畜不可食的杂草（non-palatable forbs），包括大针茅、狼毒等。本书首先比较每个村三类样地之间的植被类型的植被群落特征（包括盖度、高度和物种丰富度）、鼠洞个数和裸地（如表7-2）。

表7-2　GB村不同租场方式之间的植被群落特征

草场类型	租场方式	鼠兔洞/个	地表裸露度/%	覆盖度/%			物种丰富度/个			高度/cm		
				禾草	可食杂草	不可食杂草	禾草	可食杂草	不可食杂草	禾草	可食杂草	不可食杂草
夏季草场（山坡）	RF1	18	15	85	55	10	3	7	3	4	6	4
	RF2	20	10	90	60	15	3	8	2	5	5	4
	RF3	26	10	90	70	10	4	7	2	4	5	5

表7-2(续)

草场类型	租场方式	鼠兔洞/个	地表裸露度/%	覆盖度/%			物种丰富度/个			高度/cm		
				禾草	可食杂草	不可食杂草	禾草	可食杂草	不可食杂草	禾草	可食杂草	不可食杂草
冬季草场（荒漠平原）	RF1	0	20	78	23	15	4	4	1	12	7	4
	RF2	0	25	47	27	20	2	3	1	10	9	3
	RF3	0	20	48	42	15	3	5	1	14	7	8

表7-2的分析结果显示，GB村夏季草场的三个样地之间的植被覆盖度、物种丰富和高度并没有较大的差异。三个样地中植被覆盖度最高的植被类型是禾草，其次是可食杂草，而不可食杂草的覆盖度相对较小。同样地，三个样地都有少数的鼠洞和一定程度上的裸地，但三个样地之间没有明显的差异。在冬季草场，RF1的植被覆盖度稍高于其他两个采样点，但三个采样点上禾草和可食杂草的覆盖度是最高的。此外，冬季草场的采样点上未发现鼠洞，且三个采样点之间的地表裸露度没有明显差异。这说明GB村的冬季和夏季草场的空间尺度上的放牧压力比较平衡，所以，三个采样点上的植被覆盖度、高度和物种丰富度的差异较小。

7.1.3 植被群落结构

GA村的植被群落结构方面，表7-3的数据结果显示，在夏季草场，短期租出的草场中优势种最高的三个物种都是不可食的杂草，包括密花香薷（Elsholtzia densa）等。矮嵩草（Kobresia humilis）和小针茅（Stipa krylovii）作为建群种的体积只占2%和9%。此外，短期租出的草场中退化指示物种的体积比例最高。这说明该草场的植被群落结构以不可食的杂草为主。与此相反，长期租出草场中的优势种最高的三个物种中两个都是禾草和可食杂草。小针茅作为建群种，体积比例为33%，并且退化指示物种的体积比例相对较小。在无流转的自用草场里，优势种最高的三个物种中虽然不可食杂草的体积比例较高，但其他两个物种都是禾草，且体积比例相对较高。此外，该草场的建群种小针茅的体积占31%，但是，该草场的退化指示物种的体积比例相对高于长租草场。这说明长租和自用草场呈以禾草和可食杂草为主的植被群落结构，但长租草场的退化程度低于自用和短租草场。因此，在夏季草场，随着牲畜在时空尺度上的移动减少，放牧压力逐渐集中到已承包到户的牧户草场上，因此，全村草场的植被群落结构从以禾草和可食杂草为主逐步转向以毒草或者不可食杂草为主的植被群落结构。此外，被流转的个别草场的退化程度低于无流转的自用草场，但是草场流转方式的不同导致不同租场方式的草场之间具有明显的植被群落结构的差异。

在冬季草场，虽然短期租出和自用草场的优势种最高的三个物种中有小针茅，但小针茅的体积比例最小，且这两个草场里退化指示物种的体积比例最高，说明这两个草场是以不可食杂草为主的植被群落。相对而言，长期租出草场虽然不可食杂草的体积高，但优势种最高的三个物种中体积最高的是禾草和可食杂草。因此，在冬季草场，三类不同租场方式的草场均呈较高程度的退化趋势，相对而言，长期租出草场里禾草（小针茅）体积比例较高，退化程度相对较低。

表 7-3　GA 村植被调查样方的群落结构（2014 年）

草场类型	利用方式		短期租出	自用	长期租出
夏季草场（山坡）	优势种最高的三个物种体积比		密花香薷（0.36）	密花香薷（0.31）	小针茅（0.33）
			单花拉拉藤（0.20）	小针茅（0.31）	鹰嘴豆属（0.17）
			冷蒿（0.11）	矮嵩草（0.09）	未识别（0.12）
	顶级群落优势种体积比	矮嵩草	0.02	0.09	0.08
		小针茅	0.09	0.31	0.33
	退化指示种体积比	冷蒿	0.11	0.04	0
		大黄属	0.04	0.02	0
		单花拉拉藤	0.20	0.07	0.06
		密花香薷	0.36	0.31	0.12
冬季草场（荒漠平原）	优势种最高的三个物种及体积比		小针茅（0.10）	小针茅（0.19）	小针茅（0.26）
			芨芨草（0.29）	芨芨草（0.26）	芨芨草（0.21）
			狼毒（0.20）	狼毒（0.11）	假雪委陵菜（0.13）
	顶级群落优势种体积比	小针茅	0.10	0.19	0.26
		苔草	0.10	0.08	0.07
	退化指示种体积比	紫花针茅	0.10	0.05	0.05
		未知	0.06	0.04	0.00
		芨芨草	0.29	0.26	0.21
		狼毒	0.20	0.11	0.10

注：自用指既不租出也不租入草场，长期自家使用。

专栏 7-1　牧户对草场生态状况的感知

ZMCR 今年 38 岁，家里有 7 口人，包括夫妇二人和丈夫的父母以及 3 个孩子，3 个孩子都在本地上小学。她家共有 1700 亩草场，2014 年共有 30 头牛、100 只羊。谈到草场生态状况变化，她说："因为家里人口多，每年的生活支出大，因此，一直以来没有钱租入草场，长期使用自家草场。但是，牲畜移动少了之后，自家草场上的放牧压力过大，草场上开始出现大面积的裸地。大约 4 年前开始，我们草场上生长了很多牛羊不吃的毒草，尤其生长了很多有紫色花的毒草（学名：密花香薷）。现在每天去放牧的时候你会发现，我家草场每走几百步路就能发现大面积的毒草。还有，近几年我家草场上鼠兔的数量增加很多。我觉得如今的草场生态状况真不如以前（草场）共用时期。"

JTJ 今年 43 岁，家中有 5 口人，有 2 个孩子，一个孩子在县高中上学，而另一个今年刚上初中。2008 年的时候，他家有 14 头牛、40 只羊。2014 年，他家只剩下两头母畜，没有其他牲畜。JTJ 在访谈中说："2009 年，我们村全范围执行了租场规则后，我们家没有资金租入草场，但不租草场牲畜就无法移动，对牲畜不好。因此 2009 年我们决定放弃畜牧，只保留了 2 头牛，为我们提供自己喝的牛奶。现在我们家主要的收入来源是租出草场。每年租出草场收入约有 20 000 元。去年我们家总共租出 4 次，最长的时间为 2 个月。我们家草场以前属于比较好的草场，如今虽然每年多次租出草场能增加收入，但同时对草场非常不好。我家草场现在鼠兔和毒草都明显增加，大约 70%都是毒草。"

——2014 年 GA 村牧户访谈记录

在 GB 村的草场植被群落结构方面，如表 7-4 所示，在夏季草场的三个采样地之间的植被群落结构的差异较小。首先，三个采样地的优势种最高的三个物种中体积比例最高的两个物种都是矮嵩草（Kobresia humilis）和小针茅（Stipa krylovii）。其次，三个采样地的建群种的体积比例明显高于其他物种。最后，三个采样地都有同样的退化指示的物种，包括狼毒（Stellera chamaejasme）、大黄属（Rheum spp）和黄花棘豆（Oxytrops ochrocephala），但这些物种的体积相对比较小。在冬季草场的三个采样地之间的植被群落结构均没有呈明显的差异，小针茅和苔草（Carex）作为顶级群落的物种，在三个采样地的体积比例很高。然而，在冬季草场，退化指示种的体积占相对较高的比例，尤其狼毒的体积比例较高。因此，虽然三个采样地之间的植被群落结构的差异小，但冬季草场整体的退化程度更加明显。

表 7-4　GB 村植被调查样方的群落结构（2014 年）

草场类型	利用方式		RF 1	RF 2	RF 3
夏季草场（山坡）	优势种最高的三个物种及体积比		矮嵩草（0.41）	矮嵩草（0.40）	矮嵩草（0.40）
			小针茅（0.23）	小针茅（0.24）	小针茅（0.24）
			狼毒（0.09）	狼毒（0.08）	蜀西香青（0.14）
	顶级群落优势种体积	矮嵩草	0.41	0.40	0.50
		小针茅	0.23	0.24	0.27
	退化指示种体积	狼毒	0.09	0.08	0.03
		大黄属	0.02	0.01	0.02
		黄花棘豆	0.07	0.07	0.02
冬季草场（平原）	优势种最高的三个物种及体积比		紫花针茅（0.22）	紫花针茅（0.20）	紫花针茅（0.18）
			小针茅（0.24）	小针茅（0.31）	小针茅（0.37）
			苔草（0.12）	苔草（0.13）	赖草（0.17）
	顶级群落优势种体积	小针茅	0.24	0.31	0.37
		紫花针茅	0.22	0.20	0.18
		苔草	0.12	0.13	0.11
		未知	0.04	0.03	0.03
		狼毒	0.10	0.11	0.14

结合 GA 村植被的覆盖度、高度、物种丰富度、鼠洞数、裸地度以及植被群落结构的分析结果，本书认为 GA 村的短期租出和自用草场的退化程度较高，并且呈以不可食杂草为主的植被群落结构。长期租出的草场退化程度相对较低，仍然呈以禾草为主的植被群落结构。这样的差异与因流转方式不同导致的牲畜移动变化有着紧密的关系。短租草场每年多次流转，且租入草场的牧户最大化地使用该草场，引起放牧压力过大，导致植被群落结构的变化以及草场退化。本书中采取的自用草场是承包后无租入或者租出的草场，未获得时空尺度上的牲畜移动，放牧压力长期集中在自家草场，导致出现了草场退化的问题。专栏 7-1 的牧户访谈中也提到，规范草场流转后，因很多个体牧户没有资

金能力租入草场，牲畜长期集中在自家的草场导致放牧压力过大，致使草场退化程度增加。相对而言，长租草场与租场牧户自家的草场之间实现划区轮牧，并在使用中受到牧户的珍惜，使得该草场的退化程度相对较低。由此可见，草场流转恢复了一定的牲畜移动，对个别牧户来说，尤其是长期租出草场的牧户得到了放牧压力的缓解。但是，草场流转的方式仅能促进牲畜在牧户个体的草场之间转移放牧压力，被流转的草场，尤其短期租出的草场承受了较大的压力（见专栏7-1），导致草场植被群落结构变化，使得该村的整体草场呈现较高的退化程度。

与此相比，结合 GB 村的植被群落结构分析以及植被高度、盖度、物种丰富度、鼠洞和地表裸露度的监测结果，该村三个采样点之间的植被群落结构分布相对均衡，且顶级群落物种的覆盖度和体积都明显高于其他物种，退化指示物种的体积比均较低。这也说明了该村夏季草场的整体退化程度相对较低，并且均呈以禾草和可食杂草为主的植被群落结构。然而，冬季草场整体植被覆盖度相对较低，且退化指示的物种体积较高，呈稍有退化的趋势，但植被群落结构方面依然以禾草和可食杂草为主。这样的结果与该村的草场利用方式有着紧密的联系。该村执行放牧配额管理后依然保持四季游牧，全村共用夏季草场，使得牲畜在全村草场的时空尺度上移动。但是，该村冬季草场已承包到户，且牧户之间建立围栏，所以就如牧户访谈中所提到的，冬季草场的牲畜移动空间小，放牧压力集中在自家的草场，导致了冬季草场的植被覆盖度相对较低。

7.2 案例二：若尔盖县两个案例村草场生态变化

7.2.1 牧民对草场生态的观察

本书采用的分析方法与贵南县案例村生态变化的分析方法一致。两个案例村的牧户访谈分析结果显示，在 RA 村，50%的牧民认为该村实施草场流转后整体草场状况呈恶化的趋势，但也有 33%的牧民认为整体草场生态状况没有明显的变化。另外，大部分牧民认为实施草场流转后，裸地、毒草和鼠兔等均呈恶化趋势，但也分别有 33%、30% 和 35%的牧民认为这三个方面没有发生太大的变化。与此相比，RB 村的大部分牧民认为实施放牧配额管理后草场状况方面没有变化，而且有少数牧民觉得情况稍有改善（如图 7-2）。

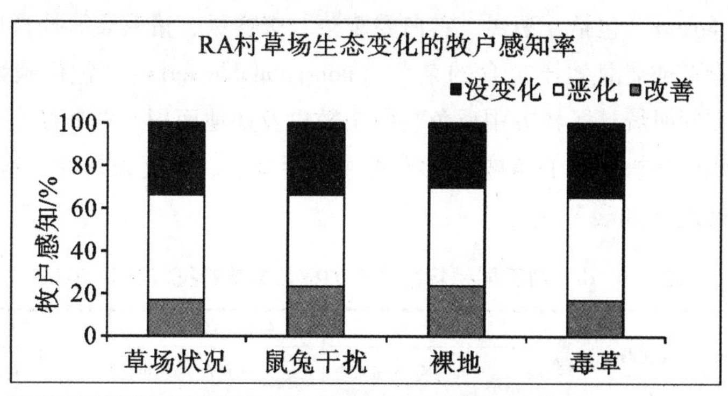

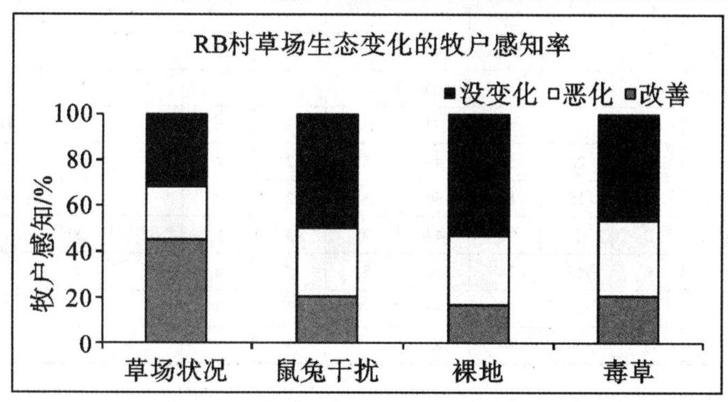

图 7-2　RA 和 RB 村草场生态变化的牧户感知率分析

7.2.2　植被群落特征

从牧户感知率的分析来看，两个村实施新的草场管理制度后，生态方面的变化没有明显的差异。因此，本书在这里进一步采用实地监测的样方数据来分析 RA 村和 RB 村的植被群落结构的分布变化。

在 RA 村，执行草场承包到户后，将过去的四季草场整合，给每个牧户分配一片草场，因此不同牧户的草场类型不同，取决于草场位于山坡、平原还是湿地，且在草场流转方面出现了三种不同的草场利用方式：①无流转的自用草场，承包后既无租出也无租入草场，长期使用自家的草场；②短期租出的草场，租出时间为几个月到一年不等，同时，一年里可能多次租出给不同的牧户；③长期租出的草场，两年及以上租出给同一个牧户进行使用。本书针对上述三类不同的草场利用方式，分别在山坡、平原和湿地草场布置样地进行样方数据采集，对比草场植被群落结构的变化。草场植被的群落结构分为三种植被类型：①禾草（grass species），包括小针茅、矮嵩草、藏嵩草等；②可食杂草

(palatable forbs)，包括亚菊属、雪白委陵菜、鹰嘴豆、猪毛菜等牲畜可食用的杂草；③毒草或者牲畜不可食的杂草（non-palatable forbs），包括狼毒和大黄属等。本书同时统计了样方中鼠兔洞的个数以及裸地面积。本书将先比较每个村三类样地的植被类型的植被群落特征（包括盖度、高度和物种丰富度）、鼠洞个数和裸地（如表7-5）。

表7-5　RA村不同租场方式下的植被群落特征（2014年）

草场类型	租场方式	鼠兔洞/个	地表裸露度/%	覆盖度/%			物种丰富度/个			高度/cm		
				禾草	可食杂草	不可食杂草	禾草	可食杂草	不可食杂草	禾草	可食杂草	不可食杂草
山坡	短租	3	20	48	43	49	3	7	2	19	6	28
	自用	0	15	83	60	17	3	9	2	30	18	26
	长租	0	5	85	92	8	3	6	1	11	18	10
湿地	短租	20	20	50	40	55	2	4	1	15	8	9
	自用	6	15	87	40	35	2	3	1	25	4	5
	长租	0	5	90	43	8	3	6	1	20	2	3
平原	短租	8	15	24	50	54	2	6	2	7	7	6
	自用	3	15	38	46	39	3	7	3	12	4	4
	长租	0	5	62	85	3	3	8	1	20	12	5

RA村的植被群落特征的分析结果显示（如表7-5），不同利用方式的草场之间存在一些差异：第一，无论山坡、湿地还是平原，短租草场的植被覆盖度均低于其他两类草场，且该草场的不可食杂草的植被覆盖度明显高于其他两个植被类型。另外，短租草场的鼠洞数和地表裸露度也高于其他两类草场。第二，位于山坡和湿地的自用草场的植被覆盖度均较高，且禾草和可食杂草的覆盖度高于不可食杂草，但是在平原，自用草场的植被覆盖度明显低于长租草场，且不可食杂草的覆盖度很高。第三，长租草场，无论位于山坡、湿地还是平原都呈现较高的植被覆盖度，且鼠洞数和地表裸露度均较低。三类草场之间的物种丰富度和植被高度方面没有明显差异。因此，从植被群落特征的分析结果来看，短租草场植被群落变化较大，这可能是因为该类草场每年流转次数多，且租入牧户会最大化地使用短租草场，以致放牧压力过大。位于平原的自用草场的植被群落特征虽然有所变化，但整体来看，自用和长租草场均呈较好的草场状态。

在RB村执行放牧配额管理后，草场由全村集体利用，牲畜移动和放牧方式没有变化，依然保持全村共用草场和四季游牧。为了与RA村进行对比，本书也把全村的草场分为三种类型：山坡、平原和湿地。RB村的山坡一般为冬秋草场，平原是夏季草，湿地是羊的春季草场。在每个草场里随机采取三个样地，分别为标记为

RF1、RF2 和 RF3。本书针对这三个采样点，分别在每个草场类型布置样地进行样方数据采集，对比草场植被群落结构的变化。与 RA 村一样，将草场植被的群落结构分为三种植被类型：①禾草（grass species），包括小嵩草、藏嵩草、小针茅；②可食杂草（palatable forbs），包括亚菊属、雪白委陵菜、鹰嘴豆、猪毛菜等；③毒草或者牲畜不可食的杂草（non-palatable forbs），包括狼毒和大黄属等。本文首先比较每个村三类样地之间的植被类型的植被群落特征（包括盖度、高度和物种丰富度）、鼠洞个数和裸地（如表 7-6）。

表 7-6 RB 村不同季节草场中的植被群落特征

草场类型	租场方式	鼠兔洞/个	地表裸露度/%	覆盖度/%			物种丰富度/个			高度/cm		
				禾草	可食杂草	不可食杂草	禾草	可食杂草	不可食杂草	禾草	可食杂草	不可食杂草
山坡	RF1	0	15	92	92	3	3	14	2	21	12	15
	RF2	0	25	83	92	10	3	14	2	27	14	22
	RF3	1	10	88	86	12	4	9	2	27	18	7
平原	RF1	30	25	87	41	6	3	5	2	4	3	4
	RF2	28	35	65	27	1	2	5	1	5	4	5
	RF3	38	35	62	35	10	2	5	2	5	5	8
湿地	RF1	0	5	92	60	0	4	5	0	12	6	0
	RF2	0	10	70	55	15	3	4	2	6	4	5
	RF3	0	5	75	57	12	3	5	1	8	6	6

RB 村的植被群落特征的分析结果显示（如表 7-6），RB 村每个草场类型中的三个采样地之间的植被覆盖度、物种丰富度和高度并没有较大的差异。三个样地中覆盖度最高的植被类型是禾草，其次是可食杂草，而不可食杂草的覆盖度相对较小。位于平原的草场上，地表裸露度和鼠兔洞数量都相对较高，呈现稍有退化的趋势，但是植被群落结构方面没有变化。因此，RB 村的植被覆盖度、高度和物种丰富度的差异较小，该村的草场退化程度也相对较小。

7.2.3 植被群落结构

RA 村的植被群落结构分析如表 7-7 所示，位于山坡和湿地的三类草场之间的植被群落结构的差异相对较小。短期租出草场的退化指示物种的体积比例很高，但建群种包括矮嵩草（Kobresia humilis）、藏嵩草（Kobresia tibetica）和小针茅（Stipa krylovii）的体积比例也较高。而自用草场和长期租出的草场退化指示的物种体积的比例相对较小。这说明短期租出草场的退化程度高于其他两个草场，但植被群落结构上没有明显差异。位于平原的三类草场之间的植被群落结构的差异相对较大。短期租出的草场上，优势最高的三个物种里两个都是不可食杂草包括狼毒（Stellera chamaejasme）、大黄属（Rheum spp），且它们的体积比例明显高于其他物种；顶级群落优势物种中，矮嵩草和小针茅的体积比例很小。专栏7-2的牧户访谈中也提到，因每年多次租出草场导致放牧压力过多，对草场生态开始有了明显的影响，包括毒草和鼠兔增加，也出现了小版块的裸地。因此，位于平原的短期租期草场退化程度相对较高。自用草场的退化指示物种的体积比例相对较高，体现出退化程度较高的趋势，但植被群落结构方面依然以禾草和可食杂草为主。长期租出草场的禾草和可食杂草的体积比很高，且退化指示物种的体积比例相对较小，说明该草场的退化程度相对较低。因此，位于平原的短期租出草场呈现以不可食杂草为主的植被群落结构，而自用和长期租出草场依然呈现以禾草和可食杂草为主的植被群落结构。

表7-7　RA村植被调查样方的群落结构（2014年）

草场类型	利用方式		短期租出	自用	长期租出
山坡	优势种最高的三个物种及体积比		矮嵩草（0.24）	矮嵩草（0.22）	矮嵩草（0.31）
			小针茅（0.14）	小针茅（0.09）	小针茅（0.19）
			狼毒（0.25）	狼毒（0.12）	假雪委陵菜（0.25）
	顶级群落优势种体积	矮嵩草	0.24	0.22	0.33
		小针茅	0.14	0.09	0.20
	退化指示种体积比	狼毒	0.25	0.12	0.06
		大黄属	0.11	0.04	0.02
平原	优势种最高的三个物种及体积比		蜀西香青（0.15）	矮嵩草（0.14）	矮嵩草（0.22）
			狼毒（0.21）	细叶亚菊（0.25）	小针茅（0.25）
			大黄属（0.15）	大黄属（0.15）	鹅绒委陵菜（0.16）
	顶级群落优势种体积	矮嵩草	0.10	0.14	0.22
		小针茅	0.10	0.14	0.25
	退化指示种体积比	狼毒	0.21	0.14	0.10
		大黄属	0.15	0.15	0.08

表7-7(续)

草场类型	利用方式		短期租出	自用	长期租出
湿地	优势种最高的三个物种及体积比		藏嵩草(0.29)	藏嵩草(0.46)	藏嵩草(0.48)
			小针茅(0.10)	小针茅(0.13)	小针茅(0.14)
			大黄蜀(0.17)	假雪委陵菜(0.11)	假雪委陵菜(0.13)
	顶级群落优势种体积	藏嵩草	0.29	0.46	0.48
		矮嵩草	0.07	0.02	0.05
	退化指示种体积比	狼毒	0	0	0
		大黄属	0.17	0.10	0.05

专栏 7-2　牧户对草场生态状况变化的感知

ZY今年43岁，家里有5口人，有1 300亩草场。2006年开始担任RA村村主任。2008的时候他家有100头牛、150只羊。自从草场承包后，他家放弃畜牧业，所有牲畜出栏，在乡上开了个小茶坊和小卖部。他说："我因为没有牲畜，所以为了提高租场收入，每年多次租出草场。比如去年，我家一年共租出3次，最长的时间为3个月。一年租出草场的收入约有18 000元。我家草场就在公路边上，位置方便，所以每年都容易租出。虽然多次租出草场能提高收入，但对草场还是有明显的影响。我家草场里现在生长了很多毒草，去年开始也有很多鼠兔。此外，虽然协议中已协商好，牧户在租场期间要珍惜我家草场，但每年租出的时候，由于每个牧户建立羊圈的位置不同，所以我家草场出现了很多小块的裸地。"

——2014年四川省若尔盖县RA村牧户访谈记录

RB村的植被群落结构如表7-8所示，在山坡、湿地和平原的三个样地之间的植被群落结构之间的差异较小。三个样地的优势最高的2个物种是嵩草（矮嵩草或者藏嵩草）和小针茅，同时退化指示种体积比相对较小。因此，本书认为RB村执行放牧配额管理后三个样地均呈以禾草和可食杂草为主的植被群落结构。

RA村的植被群落特征以及植被群落结构的分析结果显示，该村因草场流转方式不同，不同的草场利用方式之间存在一些差异。短租租出草场的植被群落结构呈以不可食杂草为主的植被群落结构，且退化程度高于其他两类草场。与此相比，自用和长期租出草场的植被群落结构依然以禾草和可食杂草为主，且退化程度相对低于短期租出草场。这样的变化情况与该村的草场利用方式有着紧密的关系。RA 村从 2009 年才开始执行草场承包到户制度，随后开始采取大范围的草场流转。因此，该村执行新的草场管理方式的时间较短，所以整体草场情况的变化相对较小。然而，仍然可以看出不同流转方式所带来的不同影响，短期租出草场开始呈现相对较大的改变，尤其是位于平原的草场植被群落结构已经呈现出以不可食杂草为主且退化程度相对较高的状况。

表 7-8　RB 村植被调查样方的群落结构

<table>
<tr><th>草场类型</th><th colspan="2">样地</th><th>RF1</th><th>RF2</th><th>RF3</th></tr>
<tr><td rowspan="9">山坡</td><td colspan="2" rowspan="3">优势种最高的三个物种及体积比</td><td>矮嵩草
(0.46)</td><td>矮嵩草
(0.50)</td><td>矮嵩草
(0.40)</td></tr>
<tr><td>小针茅
(0.20)</td><td>小针茅
(0.27)</td><td>小针茅
(0.30)</td></tr>
<tr><td>假雪委陵菜
(0.12)</td><td>鹅绒委陵菜
(0.09)</td><td>窄颖赖草
(0.10)</td></tr>
<tr><td rowspan="3">顶级群落优势种体积</td><td>藏嵩草</td><td>—</td><td>—</td><td>—</td></tr>
<tr><td>矮嵩草</td><td>0.46</td><td>0.50</td><td>0.40</td></tr>
<tr><td>小针茅</td><td>0.20</td><td>0.27</td><td>0.30</td></tr>
<tr><td rowspan="3">退化指示种体积</td><td>狼毒</td><td>0.06</td><td>0.08</td><td>0.08</td></tr>
<tr><td>大黄属</td><td>0.04</td><td>0.03</td><td>0.05</td></tr>
<tr><td>黄花棘豆</td><td>—</td><td>—</td><td>0.01</td></tr>
<tr><td rowspan="9">平原</td><td colspan="2" rowspan="3">优势种最高的三个物种及体积比</td><td>矮嵩草
(0.34)</td><td>矮嵩草
(0.40)</td><td>矮嵩草
(0.35)</td></tr>
<tr><td>小针茅
(0.13)</td><td>小针茅
(0.18)</td><td>小针茅
(0.13)</td></tr>
<tr><td>鹅绒委陵菜
(0.09)</td><td>藏嵩草
(0.06)</td><td>藏嵩草
(0.09)</td></tr>
<tr><td rowspan="3">顶级群落优势种体积</td><td>矮嵩草</td><td>0.34</td><td>0.40</td><td>0.35</td></tr>
<tr><td>藏嵩草</td><td>0.08</td><td>0.06</td><td>0.09</td></tr>
<tr><td>小针茅</td><td>0.13</td><td>0.18</td><td>0.13</td></tr>
<tr><td rowspan="3">退化指示种体积</td><td>狼毒</td><td>0.04</td><td>0.05</td><td>0.03</td></tr>
<tr><td>大黄属</td><td>0.05</td><td>0.04</td><td>0.03</td></tr>
<tr><td>黄花棘豆</td><td>0.01</td><td>0.02</td><td>0.01</td></tr>
</table>

表7-7(续)

草场类型	样地		RF1	RF2	RF3
湿地	优势种最高的三个物种及体积比		藏嵩草(0.50)	藏嵩草(0.60)	藏嵩草(0.54)
			小针茅(0.14)	小针茅(0.08)	小针茅(0.05)
			矮嵩草(0.12)	矮嵩草(0.11)	矮嵩草(0.11)
	顶级群落优势种体积	藏嵩草	0.50	0.60	0.54
		矮嵩草	0.12	0.11	0.11
		小针茅	0.14	0.08	0.05
	退化指示种体积	狼毒	—	—	—
		大黄属	0.01	0.02	0.02
		黄花棘豆	0.02	0.01	—

注：“—”指样方中没有此类物种。

与此相比，RB 村的植被群落特征以及植被群落结构的分析结果显示，该村三个样地之间的植被群落结构差异较小，且建群种的盖度和体积比都明显高于其他物种。虽然位于平原的草场上有少许鼠洞，但整体的植被群落结构依然以禾草和可食杂草为主，并且退化指示物种的体积和覆盖度都相对较小。因此，本书认为 RB 村执行放牧配额管理后植被群落结构方面没有发生明显变化，且整体草场退化程度相对较小。这样的结果与该村的草场利用方式有着紧密的联系。该村执行放牧配额管理后依然保持原有的四季游牧，全村共用四个季节的草场，使得牲畜能够在更大的时空内移动，保持草场的可持续利用。

7.3 本章小结

在草场生态影响方面，植被群落结构的分析显示，实施了草场流转的两个案例村——GA 村和 RA 村的草场状况和植被群落结构都有所变化。根据草场流转方式的不同，两个村的短期租出草场呈现出以不可食杂草为主的植被群落结构，且退化指示物种的体积比相对较大。相对而言，两个村的长期租出草场以及 RA 村的自用草场上虽然退化指示物种的体积比相对较大，但依然呈现以禾草为主的植被群落结构。这也说明，草场流转通过轮牧的方式恢复草场流动性，因此对长租的草场生态影响较小，但同时因为草场流转的原因，牧户把自家草场的放牧压力转移到短租的草场上，并且最大化地利用短租的草场，因此，草场流转的实施无法缓解草场承包到户制度所导致的草场破碎化问题。从长期的影响来看，草场流转可能会进一步恶化草场景观破碎化。与此相比，实施了放牧配额管理的两个案例村——GB村和RB村，植被群落结构没有明显改变。虽然RB村平原草场上鼠洞数较多，但整体的植被群落结构依然以禾草和可食杂草为主，且退化指示物种的体积和覆盖度都相对较小。因此，本书认为，基于社区的放牧配额管理维持了传统的放牧方式，通过放牧配额权力的明晰与分配来控制全村整体的牲畜数量，实施了放牧配额管理的两个案例村的草场生态环境没有发生明显的变化。

8 草场制度与牧民信贷行为

通过对本书四个案例村进行分析发现，随着草场管理制度的变化，实施草场流转的案例村畜牧业生产成本持续上升，牧户的现金需求不断增加，因此各种形式的贷款也逐渐成为牧民畜牧业生产的重要组成部分。本章以若尔盖县RA村为例深入探讨分析实施草场流转后的牧民信贷行为。

8.1 农村信贷行为的研究进展

向农牧民提供小额贷款等金融服务，是发展中国家进行减贫、风险管理和农村可持续发展的重要战略（World Bank，1994，Anderson et al.，2002；Turner & Williams，2002；Addison & Brown，2014）。小额信贷因为解决了传统正规银行所未能满足的穷人金融需求的多样性而获得普及（Lakwo，2006）。近年来，各国政府、非政府组织及发展机构正在向全世界贫困的农村牧民提供小额信贷、小额存款、小额保险和小额租赁等多种小微金融服务，以满足他们的需求（IFAD，2001）。

在我国牧区，信贷也以不同的形式出现，特别是自我国推动西部地区市场经济改革之后（张澄澄，2014），信贷成了主要的金融服务形式。随着我国“西部大开发”发展战略的实施，青藏高原牧区正在经历更大规模的市场化转变，传统牧区也正在向更商业化的方向发展（Foggin，2008；Kreutzmann，2011；Wang et al.，2014；Gongbuzeren et al.，2016）。在许多牧区，不仅畜牧商业化正在重新定义畜牧业，其他资本主义积累战略也被纳入牧区，如引入金融市场、牧场租赁系统和建立保护区（Song，2010；Yeh & Gaerrang，2010；QPG，2011）。在这种转变的推动下，小额贷款已作为主要金融干预措施的一部分得到推广，这些干预措施往往鼓励牧民增加畜牧业生产，更好地应对自然灾害，并寻找非畜牧业的生计来源（Turner & Williams，2002；Lemos &

Agrawal，2006）。信贷等金融服务是牧区发展框架的一部分，其强调市场在当代农村发展战略中的积极作用。然而，牧区更广泛地融入市场化发展为牧民生计带来了机遇的同时也带来了挑战，包括重塑生计支出的结构、参与市场的方式和草场资源管理的成本等（Wang et al.，2014）。因此，近来信贷及其效用也逐渐成为牧区发展研究的主要关注点之一。

关于信用贷款在农村牧区发展中所起作用方面的研究正在增加，却一直处于争议中。一些研究认为，政府或发展机构提供的信贷可以帮助当地牧民创造小微企业及合作社，使其收入来源多样化，并为处于被边缘化的群体提供支持（Mohammed，2006）。此外，许多研究表明，信用贷款，包括小额信贷或牲畜贷款，可以成为一个有效的金融储存网，帮助牧民在灾害期间购买牲畜饲料和兽医服务等，从而有助于牧民更好地适应生态变化。特别是在气候变化大的背景下，信贷作为生态系统中农村牧民进行风险管理的手段之一而受到了极大关注，许多研究建议需要不同的金融机构来保证牧民获得信贷（McPeak，Barrett，2001；Barrett & Luseno，2004；Addison & Brown，2014）。然而，研究中也存在相反的观点，并认为，小额贷款的金融自给性使得金融机构更加关注于财务业绩，而不是对贷款使用者带来的服务与利益（Lakwo，2006），然而真正要解决的问题是这些财务资源如何掌握在最需要金融服务的穷人们手中（Steele et al.，2015）。基于这样的目标，很多地区的金融机构通过支持不是特别贫困的小微企业再贷款来实现利润最大化，而将减少穷人贫困的议程放在了次要的位置（Otero & Rhyne，1994；Hulme，1999；Devereux，2001；Lakwo，2006）。

在中国，大多数关于信贷的研究都集中在其对农村地区的影响上，一些学者已经开始从金融机制和信用贷款数量的角度讨论牧区的信贷问题。信用贷款被认为能够有效解决牧民对更好地适应气候灾害的财务需求，实现畜牧生产系统的集约化（Song，2010）。然而，这些研究表明，信贷额度有限以及缺乏担保是牧民无法获得信贷的主要原因（Liu & Gu，2014）。此外，在许多情况下，牧民无法按时偿还贷款，这将影响他们未来信贷的借入。一些研究指出，出现这些问题的部分原因是牧民在自然灾害期间使用贷款购买饲料以尽量降低牲畜死亡率，而很少有牧民实际上能够将贷款用于投资以扩大牲畜数量从而获取利润（Han，2011；zhanf，2014）。在内蒙古牧区也观察到了类似的问题，牧民使用大部分贷款来填补消费性支出，很少有牧民能把贷款投入到创造利润的生产过程中，灾难期间的巨额损失则使一些家庭深陷债务之中（Collier，2005；Sneath，2012）。因此，一些研究引发了人们对信贷在农村牧区发展中有效性的担忧，并认为当贷款用于牧区的短期紧急情况时，会产生长期的新风险（Li，2014；张澄澄，2014）。

关于小额贷款在中国和其他国家农村牧业发展中的作用方面虽然存在很多争议，但这些研究一致认为，如果能建立有效的金融服务机制来帮助牧民更多地获得信贷，那么这些贷款可以帮助当地牧民更好地适应市场化的发展并有助于解决他们的贫困问题。然而，这些研究未能考虑小额贷款与农村牧区的社会经济和生态特征之间的复杂关系，尤其处于复杂多变的自然环境条件下的牧民为什么依赖贷款以及涉及牧民信贷行为的研究相对较少。干旱和高寒草原的畜牧业是一个复杂而共生的社会生态系统（Li，2012），资源分布的异质性、气候条件的不断变化以及农村牧区融入市场化都会影响牧民的信贷行为及其作用。正如 Sneath（2012）所述，由于牧区市场收入的季节性特征以及地区和气候变化带来的系统性风险等因素，牧民的借贷行为更倾向于反映需求，而不是投资机会，这可能表明信贷在牧区和农区之间的作用方面存在着重大差异。因此，研究牧区的制度和社会文化环境特征对信贷效用的影响，将有助于增加对牧区信贷扩张的真实效用的理解。基于上述论述，本章将通过对青藏高原牧区的案例研究，分析牧区当前的信贷现状，包括牧民的借贷程度、使用和归还贷款的情况以及探讨影响牧民信贷行为的社会生态因素。在本章的案例中，信贷既包括政府的小额贷款，也包括个人和其他社会团体（如当地寺院）的其他现金贷款。

8.2 牧民信贷行为

8.2.1 RA 村牧民借贷现状

2012—2014 年，笔者在 RA 村访谈的 30 个牧户中，2012 年有 24 个牧户，2013 年有 27 个牧户，2014 年有 25 个牧户有借贷行为。牧户每年贷款的金额从 0~20 000 元人民币到 40 000 元人民币以上不等。如图 8-1 所示，在所有贷款的牧户中，贷款金额超过 40 000 元的牧户在 2012—2014 年三年中分别占比 50%、41%和 44%，始终保持着较高的水平，而家庭贷款金额在 1~20 000 元内的牧户比例从 2012 年的 25%增加到 2014 年的 36%，呈现明显的上升趋势。

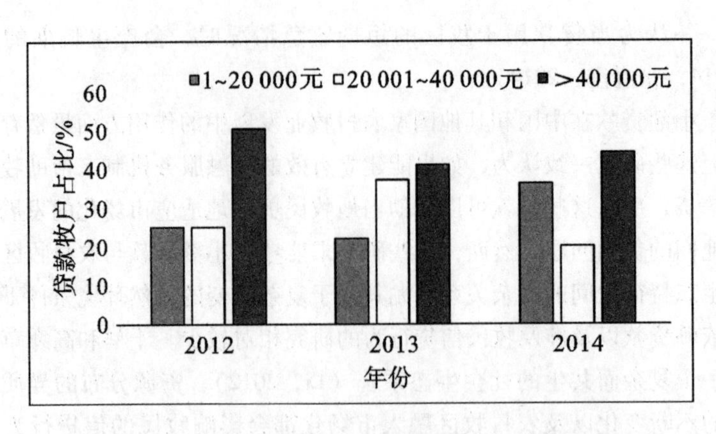

图 8-1　RA 村 2012—2014 间牧户贷款额度分布情况

在 RA 村贷款的牧户中，我们进一步分析了年度贷款金额占每个家庭年度总收入的比例分布。表 8-1 显示，在 2012—2014 年，分别每年超过 42%、44%和 48%的牧户贷款金额占他们年度总收入的 1%~49%。此外，较大比例的牧户（33%、30%和 24%）的贷款额度超过其年度总收入，但这样的趋势在 2012 —2014 年呈现下降的趋势。根据对 RA 村贷款额度占比的分析以及与其家庭年度总收入的比较，可以得知，尽管在 2012—2014 年观察到贷款规模有小幅度下降的趋势，但获得信贷的牧户数仍然很高，这说明 RA 村牧民对信贷的依赖程度较高。

表 8-1　牧户贷款占牧户总收入比例表

年份	每户贷款占总收入的比例				牧户数
	0. 01~0. 49	0. 50~0. 79	0. 80~1	>=1	
2012	42%	13%	13%	33%	24
2013	44%	22%	4%	30%	27
2014	48%	24%	4%	24%	25

根据访谈得知，RA 村牧民获得贷款有三个不同来源：政府信贷、个人贷款、寺庙贷款（如图 8-2）。首先，超过 60%的牧民从政府那里获得信用贷款。然而，牧民认为单一依靠政府信贷不足以满足他们每年的财务需求。因此，他们不得不从个人那里高息贷款。牧民表示，他们必须为这些贷款支付超过 20%~30%的利息。如图 8-2 所示，RA 村中超过 56%的家庭拥有个人贷款，这是该村第二大贷款来源。根据当地牧民的说法，这些高利贷贷方主要是来自本村或该地区其他牧区的当地牧民以及在当地从事放贷的中间商。随着金融市

场在该地区的普及，也有一小部分家庭从当地寺院获得贷款。基于此，本书发现 RA 村拥有贷款的牧户数量不仅较高，而且很多牧户除了获得国家信贷以外还有个人高利贷的行为。

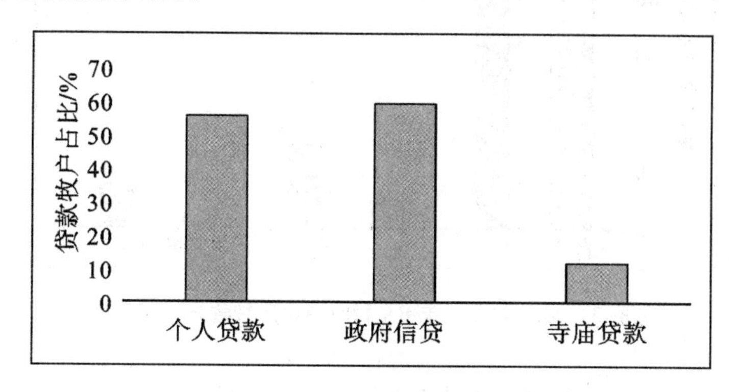

图 8-2　牧户贷款来源比例

8.2.2　RA 村牧民还款情况

根据上述分析，我们可以看到牧民严重依赖小额贷款，贷款来源因政府、个人和当地寺院而异，因此，我们将进一步分析牧民如何偿还贷款。根据分析结果显示，在 2012—2014 年，RA 村的牧民多年来主要有三种的偿还贷款方式：畜牧业收入、进一步贷款、非畜牧业收入（如图 8-3）。牧民利用畜牧业生产的收入（例如出售牧畜、酥油、牛奶所获得收入）和非畜牧业收入（如旅游收入和政府补贴）来偿还每年的贷款。然而，当还款额超过其收入时，他们不得不再次进行贷款来偿还以前的贷款。在 RA 村，2012 年有超过 9%的牧户表示他们存在这种情况，这一比例在 2014 年增加到 29%。基于此可以说，即使信贷解决了牧民的短期资金需求，但许多牧民在偿还贷款方面仍然面临巨大压力，很多牧户需要依赖于进一步的贷款来还款，因此，在 RA 村，陷入债务的恶性循环的家庭比例呈逐步上升的趋势，很多牧民一直处于利用进一步的贷款来偿还以前贷款的循环中。

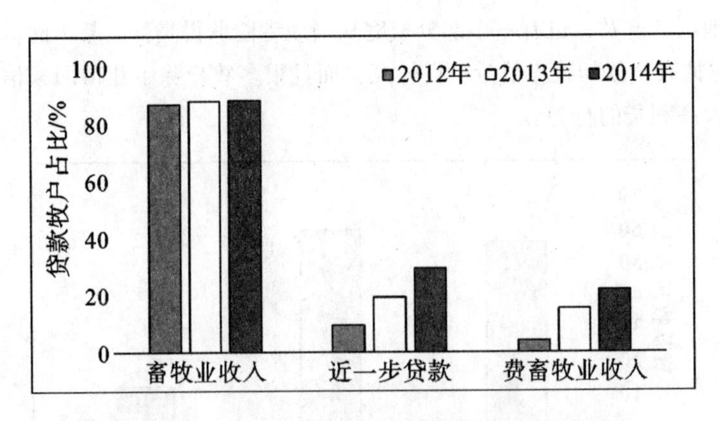

图 8-3　2012—2014 年 RA 村牧户偿还贷款方式的占比

8.2.3　RA 村牧民贷款使用情况

如今，RA 村的贷款依赖程度高且还款能力弱，从而使很多牧民陷入债务的恶性循环，该结果的出现与该村牧民如何使用贷款有着直接的关系。RA 村牧民访谈结果显示，牧民们申请贷款的原因有很多（如图 8-4）。第一，2012 —2014 年三年间分别有超过 71%、67%和 72%的牧民表示，他们利用信用贷款支付其生活开支，其中包括食品、衣服、医疗保健、燃料和其他费用。第二，另一部分牧民（2012 年为 63%，2013 年为 52%，2014 年为 64%）表示他们不得不贷款以支付草场租入的费用。牧民表示，在实施草场承包制度后，租入草场成为获取更多草场和促进牲畜迁移的唯一途径。如今，随着草场流转市场内部的竞争越来越激烈，很多牧户要求提前付清草场租金，因此很多牧民需要依赖于贷款来承付草场租入的费用。第三，在 2012—2014 年，一定比例的家庭使用贷款来扩大牲畜数量，尽管这一比例从 2012 年的 29%下降到 2014 年的 12%。此外，在三年的调研期间内，只有极少数家庭使用贷款购买固定资产。值得注意的是，使用贷款偿还以前贷款的牧民比例从 2012 年的 8%增加到 2014 年的 24%。

基于此，我们可以将 RA 村的信贷分为三大类：第一，大多数牧民将贷款投资于基于消费的支出，如生活费、学费；第二，由于草场管理制度（如租入草场的费用）的变化，牧民使用他们的贷款来支付牲畜生产成本；第三，一小部分牧民将贷款投资于创造利润的活动，如扩大牲畜数量或购买资产。因此，通过上述分析，我们可以观察到 RA 村的大多数牧民从不同来源获得信贷来满足他们的消费需求，且由于草场使用制度的变化而承担了额外的牲畜生产成本，很少有人能够将贷款投入到创造利润的投资中来赚取收入。

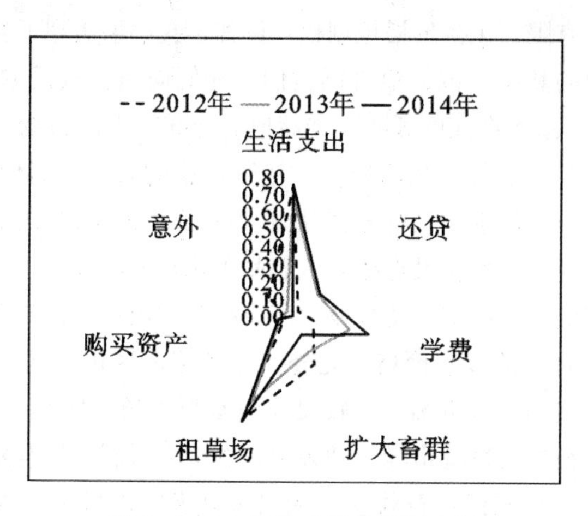

图 8-4 RA 村牧民贷款原因比例

8.3 牧民陷入贷款陷阱的影响因素

从上述分析，我们观察到，虽然 RA 村依靠信贷来满足他们的经济需求的牧民数量增加，但许多牧民在归还贷款方面仍面临巨大压力，许多牧民陷入债务的恶性循环中。我们进一步意识到，大多数家庭使用贷款来支付消费活动，而很少的家庭将其用于创造利润的投资。根据我们对 RA 村牧民的访谈可以得知，更复杂的社会生态因素促使牧民陷入贷款的恶性循环中。

随着该地区的旅游业和市场发展，人口流量也在增加。例如，县旅游局的一位官员在接受采访时说，在旅游旺季，若尔盖县的每日游客人数超过 30 000 人。该地区公共交通发达，位于县城 150 千米范围内有两个国内机场。因此，农村牧民社区为了融入这种市场化的快速发展，生计发生了巨大变化，特别是牧民的消费行为和商品价格正在快速变化。在接受采访的 30 户家庭中，所有家庭都拥有摩托车，而 65%的牧户拥有汽车、卡车或拖拉机。KZ 先生说："二十年前，当我还是村里的领导者时，我们在马背上放牧牦牛和羊，并在季节性移动中用公牦牛运送货物。现在，牧民骑摩托车放牧，用卡车或拖拉机运输货物。因此，我们观察到，虽然这种的生产模式为牧民提供了很多便利，但也增加了他们对现金收入的需求以及生活开销。因此，信贷已经成为家庭现金流的主要部分，以满足他们在 RA 村的日常支出。"

畜牧业生产是 RA 村牧民的主要生计来源，然而，牧民表示他们对畜牧市场上的权利非常有限，包括价格控制权。例如，我们采访到了县城为数不多的当地中间商人中的其中一位，他告诉我们，他们向当地牧民购买每千克约 30 元的黄油以及每只 3 500 元的牦牛，随后他们会在较大的市场上以两到三倍的价格出售这些产品。此外，该村领导在接受访谈时表示，当他们在 9 月至 10 月的牲畜生产季节高峰期销售牲畜产品时，黄油的价格将降至25~30元，而其余时间，特别是春天，牧民没有很多乳制品可供出售，价格上涨到 30~35 元。因此，我们观察到，牧民只是畜牧业生产原材料的供应者，没有能力创造市场以提高其绿色产品的价值和价格。此外，尽管该地区正在建立不同的当地市场，包括快速发展的旅游市场，但牧民无法参与市场以使其收入来源多样化。牧民表示，他们在参与这些市场活动方面存在诸多限制，如有限的商业管理知识和语言技能以及小规模的畜牧生产无法满足大的市场需求等（如图 8-5）。因此，牧民所需的生活费用支出增加，却无法参与到不断扩大的市场中以增加其收入和使收入来源多样化，使许多牧民陷入债务危机。

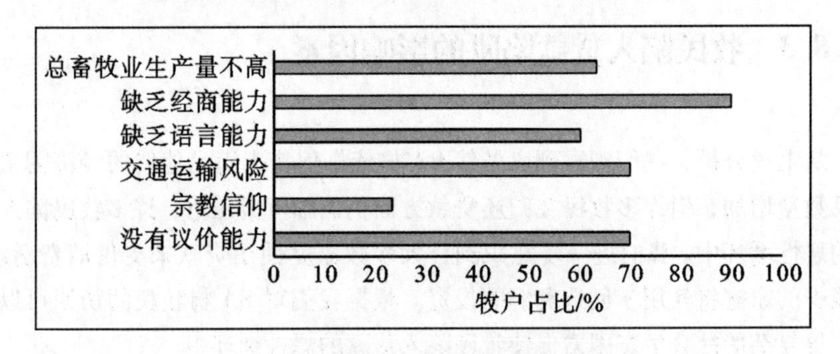

图 8-5　限制牧民参与市场的因素

在 2009 年之前，RA 村集体使用他们的草场，在不同时间进入不同的放牧区域并应对天气风险（Gongbuzeren et al.，2016）。然而，在实施草场承包制度后，所有以前的季节性草场都被合并，并分配给牧户个体，每个家庭都收到一个大型牧场，因此牧民不得不依靠租入草场来获得更多草场。此后，RA 村的畜牧生产成本迅速增加。根据贡布泽仁（2016）等人对 RA 村畜牧业生产效益的分析，草场租赁费是最大的牲畜生产支出，每个家庭平均每年大约花费 9 000元，但他们的畜牧业收入没有因此而增加（Gongbuzeren et al.，2016）。此外，牧民们表示，在 RA 村内竞争租赁个别草场的现象迅速增加，他们因此必须支付更高的价格来租用同一乡镇内或若尔盖县内其他家庭的草场。牧民表示，随着对草场租赁的需求增加，出租草场的家庭要求在租赁开始时支付所有费用的首付款。在 RA 村的牧民大多在冬季和春季租用草场，以获得更多的草场来恢复牲畜健康，然而这也是牧民畜牧业生产收入有限的季节。因此，他们不得不依靠贷款，特别是该地区的个体或当地寺院的高利贷来支付草场租金。

基于此，本书认为尽管该地区已经开发了促进人口流动增加的各种市场，但牧民无法有效地参与市场以增加其畜产品的价值，从而增加收入或使其收入来源多样化。与此同时，我们还观察到该地区的市场发展很少反映牧区绿色产品的价值或考虑到畜牧业生产的季节性特征。因此，本书认为，很多牧户陷入债务恶性循环不仅是因为金融机制的不完善或者贷款额度金额不足原因，更多的原因是由于牧区快速发展的市场经济并未考虑畜牧业生产及牧区社会生态系统变化的特征，从而市场化的发展使当地牧民更加处于边缘化的状态，将牧民排除在发展机会之外。因此，牧民需要承担因市场化发展而增加的生活成本的同时，也很少有从市场中获益的机会来增加他们的收入，从而依赖于贷款以及进一步贷款来还款成为牧民的唯数不多出路。

8.4 本章小结

我们的研究结果表明，个人和政府提供的信贷是 RA 村牧户现金流的主要组成部分。我们的分析结果显示，该村很多牧民使用贷款来支付基于消费的成本，而很少有人能够利用贷款投资来产生利润，因此，许多人在偿还贷款时面临巨大挑战，很多牧民陷入债务的恶性循环，牧民不得不进一步贷款以偿还以前的贷款。RA 村的贷款行为分析结果表明，牧民陷入债务的恶性循环问题不仅是由于缺乏有效的金融机制或贷款金额有限，还是市场化的发展忽略了牧区社会生态系统的变化特征而产生的结果。

Swift（2007）表示，虽然偏远地区的牧民都在不同程度上依赖于市场来维持他们的基本生存，但市场化发展的很多缺陷对牧民的生计构成了严重威胁。Haq（1995）和其他学者认为，当前以市场为基础的发展侧重于如何促进区域经济增长，却忽略了人们作为变革推动者和发展受益者的作用（Wang，2012）。此外，有研究指出，农牧区的制度和社会文化环境的特征极大地影响了市场功能的运转（Ribot，1998；Anderson et al.，2002；Turner & Williams，2002；Han，2011），这些特征却很少被纳入占主导地位的市场经济理论框架。本书认为这些正是导致 RA 村牧民陷入持续债务危机的一些主要因素。

首先，当地政府开发和推广不同类型的当地市场，包括旅游市场、金融市场、草场租赁市场和牲畜市场。然而，RA 村的收入结构显示，只有少数的牧民实际上能够参与市场活动以获得其他收入，如基于旅游的收入和工资性的收入。这表明若尔盖地区目前的市场发展只关注市场环境的创造，忽略了当地牧民的能力建设，从而使得当地牧民没有能力参与市场活动并利用机会改善他们的生活。通过对调研结果的分析，本书认为缺乏语言技能和商业管理经验是阻碍牧民参与市场的两个最重要的限制因素。因此，牧民不得不更多地依靠信贷来支付他们的开支，同时面临无法偿还贷款的巨大压力。

其次，研究指出，生计型畜牧业遵循的是低投入以及风险规避的策略，生产者通过理性的决策，在有限的资源中获得最大化的总体收益或在更大的范围内使总的系统产出最大化（Kratli & Schareika，2010）。然而，政府把建立牲畜贸易中心、邀请外部投资、促进牦牛肉的加工销售、鼓励牧民提高牲畜的出栏作为青藏高原牧区畜牧业发展的策略（Hayes，2008；Gaerrang，2012）。因此，正如RA村案例所示，牧区的季节性和小规模的畜牧业生产不符合当代畜牧业市场的特点，牧民因其有限的适应市场并获得利益的能力而进一步被当前的市场发展边缘化。

最后，RA村的草场资源分布的地理位置和季节性差异很大。草场承包制度实施后，牧民不得不依靠租入草场来获取更多的草场进入权。虽然这个制度可能为贫困家庭提供一些创收机会（Gongbueren et al.，2016），但这也增加了牧民的牲畜生产成本，并迫使牧民增加对信贷的依赖。

简而言之，RA村案例表明，信贷是牧民家庭现金流的主要部分。牧区越来越多的牧民依靠信贷来解决他们的资金短缺问题。然而，同时牧民也面临偿还贷款的压力，许多牧民被迫陷入贷款的恶性循环。基于上述分析和讨论，牧民在参与当前市场发展以改善收入和草场管理制度变化方面面临的障碍似乎是导致他们依赖于贷款的关键因素。RA村的牧民陷入债务的恶行循环的问题不仅仅是由信贷市场或金融机制引发的，而且与青藏高原牧区的市场经济发展问题有关。当前政府推动的以市场为基础的发展制度似乎狭隘地关注市场的发展，而很少关注本应成为主要受益者的当地牧民的获益能力、影响其生计的生态条件以及他们在畜牧生产系统的社会文化方面所发挥的作用等方面因素。因此，在牧民没有能力偿还贷款的情况下，不符合畜牧业社会文化和生态条件的草场管理制度使得其更多地依赖贷款，成为牧区经济市场发展失灵的关键因素。有研究表明，各国需要市场的发展，但它们需要国家政府机构来管制市场的发展趋势（World Bank，1997；Pieterse，2001）。至关重要的是，国家应发挥促进作用，鼓励和补充私营企业和个人的活动，并为有效的市场功能建立适当的制度基础。因此，本研究建议，政府应积极推动制度方面的发展以规范当地市场，使牧区畜牧生产的生态文化特征得到认可，也使当地牧民有更多机会参与市场活动获取利益。

9 草场制度与社区参与旅游

9.1 社区参与旅游研究进展

社区参与旅游（Community-Based Tourism）的概念是加拿大学者克劳德·莫林（Clande Molin）于1980年在其研究的“涉及当地社区居民和协会参与的生态文化旅游规划”中首次提出的。1996年，世界旅游理事会、世界旅游组织和地球理事会共同制定了《旅游业的21世纪议程》，它明确指出，旅游业的可持续发展必须确保社区居民（包括户籍居民和非户籍居民）能够享受旅游带来的好处。这是在旅游业官方文件中首次明确地将社区居民作为关注的对象，将社区居民的参与作为旅游业可持续发展的重要内容和不可或缺的一部分。此后，有很多学者和国际组织对社区参与旅游的定义做了界定，并且广泛地开始了对社区参与旅游的研究。其中比较权威的是由Tosun（2000）、王瑞红和陶犁（2004）给出的定义：社区参与旅游是指社区居民参与旅游地的发展决策和参与旅游发展而带来的经济效益的分配，换句话说，是社区居民对旅游业发展责任的分担和对旅游业发展成果的分享。

值得一提的是，社区参与旅游这一概念为我国牧区现阶段的发展提供了一定的理论依据。社区参与旅游是促进我国牧区经济发展、保护草原生态的重要手段。由于地理条件、自然环境和基础设施建设的综合影响，牧区贫困问题日益凸显出来（王艳，2014）。同时，草原牧区是我国三江之源，为许多濒危野生动物提供了栖息地，成了重要而脆弱的生态系统。因此，在生态保护和扶贫的双重影响下，1999年以来，以内蒙古牧区为代表的牧区出台了许多旅游发展政策，试图通过发展旅游业的方式促进牧区经济发展和促进草原生态的保护（杨智勇，2016）。如今草原旅游已成为牧区增长最快的产业，内蒙古牧区、藏区牧区、新疆牧区、宁夏牧区、河北坝上牧区和京西牧区都具有一定规模的草原旅游区（毛培胜等，2016）。研究表明，开展草原旅游活动有助于吸引外商投资、改善基础措施、增加财政收入、促进第三产业发展，使旅游区域经济呈现出新的活力，对于整个地方经济的发展都有带动作用（陈佐忠，2004）。然而，随着草原旅游业的持续升温，牧区并没有经历显著的贫困率降低。根据《中国农村扶贫开发纲要（2011—2020年）》，超过半数的特困区仍连片分布在有牧区的省、市、自治区内。还有研究发现，在发展中国家，一些繁荣的旅游地同样没有减少贫困（GTZ，2007）。

针对这一现象，近年来一些学者开始认为，许多地区的旅游业发展忽视了社区因素和当地居民的需求，社区不能直接参与旅游景点的开发和管理，在旅游业的发展中，牧民一直处于被边缘化的局面。因此，牧区旅游业的发展对降低当地牧民的贫困没有起到重要作用（Plüss et al.，2002；保继刚等，2006；GTZ，2007）。Timothy（1999）的研究也证明了这一观点，其研究认为，传统旅游规划往往考虑市场需求分析、环境因素分析、社会宏观条件分析等方面，而考虑社区因素的则是寥寥无几。因此，牧区的社区如何更积极地参与旅游开发以及哪些因素影响着牧民参与旅游业的研究成了决策者和学者关注的重要话题。

事实上，社区参与旅游不仅是一个动态演进的过程，而且是一个历史性和阶段性的过程，对不同时期的要求、任务和发展路径是不同的（吕君，2012）。目前，我国社区参与旅游的主要形式是经营小企业实体，但存在诸多因素制约并影响了社区参与旅游的程度和效果（李星群，2008）。那么，在旅游业的实际发展过程中，社区参与旅游的制约因素和促进因素有哪些呢？本书在归纳、梳理和总结国内外相关文献的基础上，认为目前对社区参与旅游的制约因素和促进因素的研究主要集中在三个层面：宏观层面、微观层面和中观层面（如图9-1）。

第一，宏观层面。宏观层面的因素主要包括：所属行业（如草原旅游、森林旅游、湖泊旅游等）、外界对当地社区的评价、社区的生态旅游资源、社区文化旅游资源以及社区与当地政府、旅游企业、第三方组织等的合作与冲突等。一方面，这些因素往往决定着旅游地资源禀赋的高低，并作为重要因素促进和限制社区参与旅游。正如吕君（2012）所指出的那样，旅游业是一个典型的资源密集型产业，旅游地资源禀赋为社区参与旅游创造了基础条件。尹寿兵和刘云霞（2013）对黄山风景区周边四个社区进行了实证研究，认为距离风景区的相对区位影响了社区旅游业发展和居民旅游收入。同样地，王咏等（2014）通过研究也指出，社区与风景区的空间关系、区位条件与交通便利度

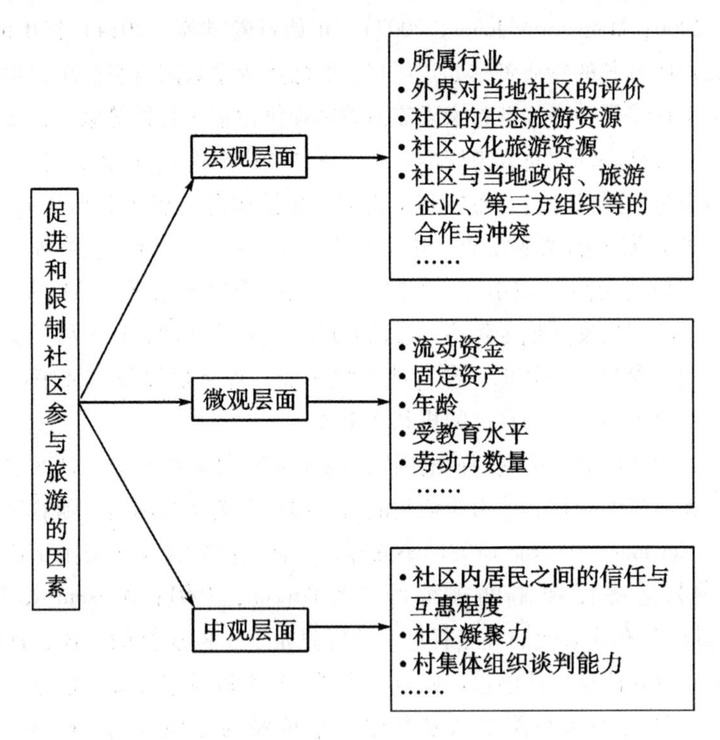

图 9-1　社区参与旅游的促进和限制因素

等因素造成了各社区旅游参与度的差异。另一方面，社区与当地政府、旅游企业、第三方组织等利益相关者之间的利益竞争和博弈也决定了社区居民能否参与和在何种程度上参与旅游业发展（左冰等，2008；Dodds et al.，2016）。很多研究认为，由于社区居民、地方政府部门、中央政府部门和旅游企业对旅游发展具有不同的利益诉求，利益相关者之间存在着难以协调的利益关系，他们之间的利益冲突构成了社区参与旅游的障碍（黄芳，2002；孙九霞等，2004；Tosun，2006）。此外，李广宏（2007）也指出，在旅游开发过程中，如果社区居民的利益诉求得不到重视，就会引起旅游地社区居民与旅游开发经营者之间的冲突，使得两方都处于不利状况。保继刚等（2006）认为，中国社区几乎是旅游业的被动参与者，与社区、企业、政府和其他参与者的力量对比相对悬殊。

第二，微观层面。首先是物质资本。许多学者认为物质资本是影响社区参与旅游的重要因素。研究表明，由于社区居民在流动资金、固定资产、技术设备等参与门槛上的多方限制，大多数社区居民都只能从事一些低投资、低回报、低收入、劳动强度大、非技术性旅游服务，从而影响了参与的积极性

（Tosun，2006；Manyara & Jones，2007）。正如贺爱琳等（2014）指出的那样，传统型牧户所具备的物质资本如定居房、黑帐篷等多只限自身简单再生产和生活等基本生计需要，而经营牧家乐需向游客提供住宿、餐饮等服务，要求其物质资本水平较高。其次是人力资本。人力资本的影响主要分为两个方面：其一是劳动力数量，提供住宿、餐饮和小卖部等旅游服务也属于劳动密集型行业，经营农（牧）家乐的家庭需要一边管理小卖部，一边煮饭、烧菜等，因而对劳动力的依赖性较高（谭小芬，2003）；其二是受教育水平，马艳霞（2009）指出，由于我国欠发达地区经济、政治和历史发展等原因，社区居民受教育水平普遍偏低，参与意识较弱，参与能力也较弱，许多居民没有清晰的民主意识，没有把民主参与作为自己的权利和义务。

第三，中观层面。中观层面的因素主要指的是社区凝聚力、社区居民之间的信任与互惠程度和村集体组织谈判能力，即社会关系与网络。随着学术界对"社区"（Community）概念研究的不断深入，社区的定义不再局限于传统的地理位置、文化特征和制度规范等（Wilkinson，1991；Agrawal & Gibson，2001）。其中具有代表性的观点就是，社区只是一个同质性的整体，社区内部在资源的获取和使用、话语权、权力、性别、年龄以及宗教等许多方面存在较大的差异，社会关系与网络就是其中一个重要的方面（Agrawal & Gibson，2001），而社会资本则是衡量社会关系与网络的一个重要代理变量。已有诸多研究表明高水平的社会资本在社区参与旅游中起到了重要作用（Jones，2005），并且能够在很大程度上解释为什么有小的、贫穷和偏远的社区能够在旅游业中取得成功（Iorio & Corsale，2014）。例如，卓玛措（2012）采用1 400份青藏高原南部藏区居民调查问卷，调查了社区居民参与生态旅游开发的意愿和社区社会资本现状。研究发现，加强社区内外的参与与合作，培育社会网络是促进社区参与旅游健康发展的重要举措。Liu 等（2014）通过对我国两个典型的生态旅游地的研究，了解社会资本是否改善了社区居民之间的合作互惠。结果表明，高水平的社会资本有助于促进社区生态旅游的发展。时少华（2015）研究了北京什刹海社区参与旅游的影响因素，发现社区中的社会资本对社区参与旅游具有正向影响。此外，还有较多对社会关系与网络影响社区参与旅游的相关研究（Lesego，2010；Nault & Stapleton，2011；Dodds et al.，2016）。

综上所述，国内外研究者主要从宏观、微观和中观三个层面分析了社区参与旅游的促进和限制因素。事实上，一些国内学者早已指出，社区参与旅游是我国少数民族地区或西部地区社区发展的重要途径（孙九霞，2005；保继刚等，2003），而我国少数民族地区和西部地区分布着大量的草原牧区，为旅游业的发展创造了基础条件。然而，在以往关于草原牧区旅游发展的研究中，学者们并没有过多关注社区参与旅游，也未曾明确地提及草原牧区诸多特征对社区参与旅游的影响，其中最关键的特征之一就是牧区的草场管理制度，而这恰好是研究草原牧区旅游业发展和社区参与旅游不可忽略的重要因素。

在历史上，牧民通过社区集体利用和管理草场的方式保持着四季游牧的畜牧业生产模式（Goldstein et al.，1989；Sheehy et al.，2006）。自20世纪80年代起，我国开始执行草场承包责任制，传统的社区集体经营草场的模式已被以牧户个体管理的模式所替代，社区组织和社会资本在草场资源利用方面难以发挥作用（Gongbuzeren et al.，2018）。然而，草场承包到户限制了规模化畜牧业的发展以及牧民多样化经济来源的发展。因此，从2013年开始，我国出台了三权分置的政策，即把草场资源的承包权、使用权和经营权分开，鼓励牧民通过流转的形式整合草场资源，重建当地经济组织和规模化的草原经济发展。随着牧区草场管理的变革，牧区的不同社区做出了不同的相应，从而如今牧区已出现几种不同的草场管理制度：①草场承包到户；②社区共用草场；③草场联户经营（Cao et al.，2012；Gongbuzeren et al.，2018）。同时，这些研究发现，随着草场承包到户政策的执行，社区内部牧户之间的草场资源分配仅靠单一的市场交易，原有的互惠关系和合作方式等社会网络被不同程度地削弱，但同时也有一些牧区基于社区的公共管理的基础上采纳了市场机制手段，创造了市场嵌套与社区社会网络的制度创新（Gongbuzeren et al.，2016）。随着牧区旅游业的发展，草场不再只是用于放牧，还是牧区旅游业发展的重要资源。草场管理制度决定着社区如何管理和利用草场资源（Ostrom & Mwangi，2008；李文军，张倩，2009）。那么，不同的草场管理制度是否也会影响社区如何参与旅游业的发展？为了回答这样的问题，本书基于若尔盖县三个案例村的深入调查，分析了不同的草场管理制度下，牧民参与旅游的方式、参与程度以及从旅游业中获取的收入方面是否存在差异。

9.2 社区参与旅游业分析

9.2.1 社区参与旅游的程度和方式

若尔盖县地域辽阔，资源富足，优势明显，旅游资源丰富而独特，拥有著名风景名胜景点花湖和九曲黄河第一弯，是大九寨国际旅游区的核心组成部分。考虑到社区与风景区的空间关系、区位条件与交通便利度等因素的差异，本书集中选取了距离花湖自然风景区较近的213国道沿线的乡（镇），以缩小旅游地资源禀赋带来的差异。为了体现可对比性，本书选取了实施了不同草场管理制度的三个案例村，分别为RA村、RB村和RC村：RA村实施了草场承包到户制度后大范围执行草场经营权流转，即草场承包到户；RB村实施了基于社区的放牧配额管理，即社区共用草场；RC村实施草场承包后，不同的牧户之间重新整合草场资源，以10~50户不等的规模来联户经营草场，即草场联户经营。

根据案例地调查显示（如图9-2），三个村参与旅游业的主要途径为在213国道沿线的草场上设立旅游接待中心，包括游客骑马场、帐篷民宿、餐饮以及小卖部等。不同的草场管理制度安排会影响村内牧户之间的草场资源分配与牧户个体所获得的草场位置，进而直接影响牧户参与旅游业的程度和方式。如果一个牧户家庭的草场越靠近213过道沿线，那么这个牧户就有开发旅游的权力。因此，在分析牧民参与旅游的过程中，首先应考虑草场管理制度的不同安排，牧民能否参与旅游，其次牧户个体参与旅游需要一个长时间的适应和资本积累的过程，因此本书分析了2016—2018年牧户是否参与了旅游业。由于三个案例村草场管理制度的不同，牧民在能否参与旅游业方面有较大的差异。RA村实施了草场承包到户制度，因此只有靠近路边的草场才有资格开发旅游。在我们访谈的样本户中有25%的牧户是有条件在自家的草产上开发旅游业的。与此相比，RB村维持全村共用草场，而靠近公路边的草场属于全村，因此，村内的100%的牧户都有权利参与旅游业。RC村因保持联户经营草场，所以样本户中63%的牧民有参与旅游业发展的权利。另外，我们分析了实际参与旅游业的牧户比例，这里主要分析了牧户以个体的形式参与旅游业，不包括村集体开发的旅游业。从案例村的分析结果显示，在2016—2018年，RB村73%的牧户实际参与了旅游业，RC村有36%的牧户参与了旅游业，而在RC村只有9%的牧户参与了旅游业。基于此，本书认为不同的草场管理制度基于权力的配置来决定牧民能否参与旅游。RB保持了社区共用草场，所以在三个村的对比分析中，牧民参与旅游业的权利以及实际参与旅游业的程度高于其他两个村。

除了三个村的旅游业参与程度以外，我们进一步分析了三个案例村的牧民参与旅游业方式的差异（如图9-3）。根据实地调查发现，若尔盖地区的牧民有三个主要的方式参与旅游业的发展：①村集体参与旅游，全村利用筹资或者村集体的资金来开发旅游业，如村集体的停车场、小卖部、住宿等；②联户参

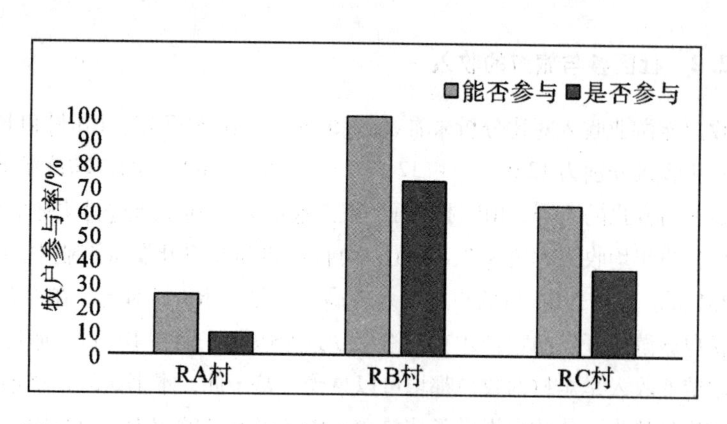

图 9-2　2016—2018 年 RA 村、RB 村和 RC 村的牧户参与旅游程度

与旅游，在村集体或者联户的安排下，村内或者联户内的 3～10 户为一个组，在草场上相关的旅游接待业务，参与联户的权力为联户内或者村内每年进行抽签轮流；③单户参与旅游业，牧户在自家的草场或者租入的草场上开发旅游业。2017 年三个案例村的参与方式的对比分析显示如图 9-3，RB 村有两种主流的参与模式，分别为村集体的形式和联户的形式参与旅游业，而其他两个村只能以单户或者联户的形成参与旅游业。在调研中发现，RB 村集体组织开展小卖部、停车场以及住宿等旅游服务，并且在全村草场中选取最好的位置，10 户为一个组来村内每年轮流开发游客骑马场。基于此，在 RB 村，草场资源利用和分配方面，社区组织与牧户个体共同协商来探讨不同的旅游参与方式，因此，与其他两个村相对比，RB 村的草场资源管理制度能促进更大的弹性和协调空间来组织多样的旅游参与模式。

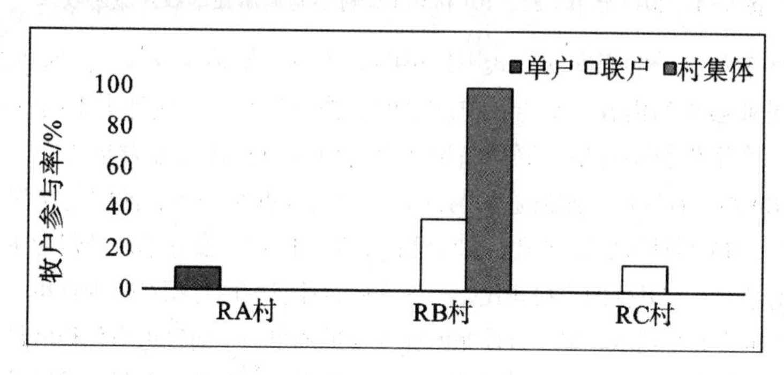

图 9-3　2017 年 RA 村、RB 村和 RC 村牧民参与旅游业的方式

9.2.2 社区参与旅游的收入

从牧户旅游业收入对比分析来看（如图9-4），在2017年，RB村和RC村的户均旅游业收入分别为12 047元和12 329元，均高于RA村的户均旅游业收入。根据旅游参与方式的不同，RB村有两个旅游业收入，其中通过村集体旅游业发展中获得牧户年均收入大约为7 716元，而牧户参与联户开发旅游业中的年均收入为4 331元。虽然，RC村的户均收入较高，但是与RB村对比，在RC村只有参与了联户旅游业开发的牧户才有资格享受这个收入，而在RB村，通过村集体开发的旅游业收入是全村的牧户都均可以享受。基于此，本书认为，草场经营权流转的实施虽然为个体牧户提供了从旅游业中获得利益的权力，但是因缺乏社区组织下的集体旅游业开发，因此，该村牧户旅游业收入相对低，而在RB村，社区组织和共用草场管理制度安排使牧民采取多样化旅游参与方式，从而使得他们的旅游业收入高，并且全村的牧户都能公平地获得旅游业带来的利益。

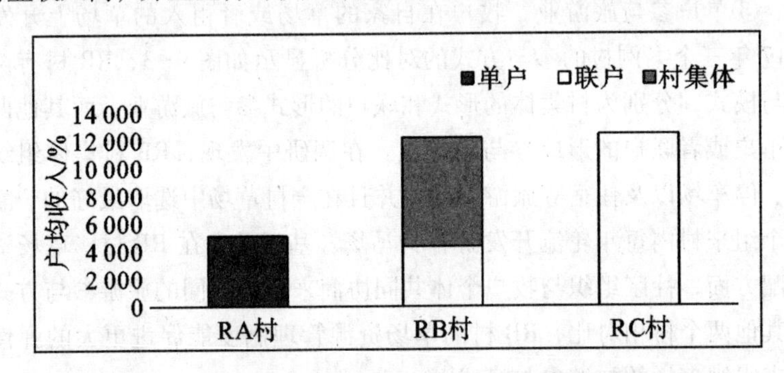

图9-4 2017年RA村、RB村和RC村参与旅游业的牧户旅游收入

社区参与旅游的程度和方式不仅影响着牧户的旅游业收入，同时也会影响社区旅游业参与的内容。基于牧户访谈的数据整理来看，实施了不同草场管理制度的三个案例村呈现出不同的旅游业参与内容与模式（如表9-1）。

在RA村，社区居民旅游业参与内容主要为开办骑马场、提供餐饮和住宿服务。此外，RA村社区居民旅游业参与模式主要是以牧户家庭单户经营为主，彼此之间相对独立。与其他两个村相比，一方面旅游业参与内容相对较少且单一，难以满足游客的多元化需求；另一方面旅游业参与模式单一，而且组织化程度最低，经营主体大部分是单户家庭，旅游资源整合水平较低，经营规模有限，难以带动全体村民共同发展致富。在RB村，社区居民旅游业参与内容较丰富，主要是为游客提供骑马、餐饮、住宿、购物、收费型停车场和收费型环保厕所等服务。从旅游业参与模式看，RB村社区居民主要是通过牧户家庭单户经营、牧户家庭联合形成的联户经营、以村集体为基础形成的村集体经营参与到旅游经营活动中，其组织化程度更高，经营规模也更大。在 RC 村，社区居民旅游业参与内容主要涉及经营骑马场、观景台和收费型环保厕所等小型旅游经营实体，同 RB 村相比，旅游业参与内容则相对单一。从旅游业参与模式看，RC 村牧民以联户和单户的形式参与旅游，但与 RB 村有所不同的是，RC 村村集体没有进行旅游经营活动的发起与组织，其组织化程度相对较低，缺乏村集体的统筹规划与组织。

表 9-1　RA 村、RB 村和 RC 村的旅游业参与内容与模式

案例村	旅游业参与内容	旅游业参与模式
RA 村	·骑马场 ·餐饮 ·住宿	·单户经营
RB 村	·骑马场 ·餐饮 ·住宿 ·小卖部 ·收费型停车场 ·收费型环保厕所	·联户经营 ·村集体经营
RC 村	·骑马场 ·观景台 ·收费型环保厕所	·联户经营

从社区旅游业参与程度、方式、内容以及收入分析来看，实施了草场经营权流转的 RA 村的旅游业收入和参与程度较低，而在 RB 村和 RC 村，实施全村共用草场和草场联户经营的管理制度能够使得牧民有较高的参与旅游业参与程度和收入。从三个村的对比来看，RB 村维持社区共用草场，在社区组织的协调下牧民参与旅游业，因此，该村的牧民通过以村集体和联户的方式参与旅游业，且参与旅游的内容也呈多样化。与此相比，RA 村实施草场承包到户后，社区组织无法在草场资源管理与分配方面起到作用，因此，该村的牧民以单户的形式参与旅游业，且牧民经营的活动内容单一，户均收入也较低。

本书的分析结果显示，草场是牧民开发、经营旅游业的主要资源，尤其是靠近旅游景区和国道沿线的草场更加具备经营旅游接待中心的潜力。因此，不同的草场管理制度影响着牧户个体之间的草场资源分配及位置，进而影响牧户是否拥有权力经营旅游接待中心。此外，不同的草场管理制度对社区组织以及牧户个体之间的关系产生了影响，从而影响了牧民参与旅游业的方式和内容。

9.3 社区参与旅游的其他影响因素

尽管草地管理制度是影响社区参与旅游的重要因素之一，但有研究认为，农村家庭物质和人力资本也是影响社区参与旅游的重要因素，可能也会对社区旅游产生其他的影响，因此，本书这里分析了三个案例村牧民的物质资本和人力资本。

9.3.1 牧户物质资本

正如徐志强（2016）所指出的，绝大多数牧民家庭缺少住房（城镇房屋）固定资产等不动产，在接受调查的牧民家庭中，仅有 1.23%的牧民在若尔盖县城里买房。因此，本书选取“家庭定居房数量（间）”作为固定资产的衡量指标。从家庭固定资产来看，三个案例村的经济情况具有较高的相似性，这体现在县政府在全县范围内落实了游牧民定居工程，RA 村、RB 村和 RC 村都有各自的牧民定居点。根据调研数据显示，三个案例村的的游牧民定居工程覆盖率分别为 95.74%、100%和 96.55%，其中未参与到游牧民定居工程的牧户家庭需要缴纳一定数额的罚款。从图 9-5 可以看出，三个案例村平均每户家庭拥有的定居房数量在 2.5 和 3 间之间。

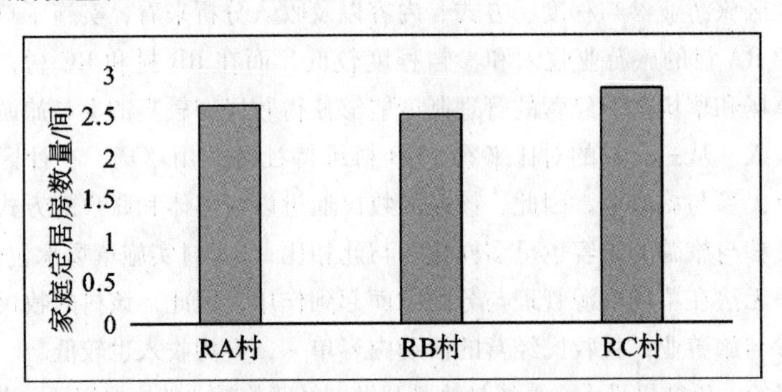

图 9-5 RA 村、RB 村和 RC 村牧户的固定资产

基于实地调查发现，在牧区，大多数家庭没有存款或存款很少，平均不足 3 000 元，最直观的感受就是，牧民很多都没有存款的习惯。事实上，牧民的资产 90%是牛羊等牲畜，许多牧民视牲畜为“活期存款”（马茹，2014；刘国勇，2014）。因此，本书参照贡布泽仁（2016）的做法，利用家庭羊单位数量

来替代牧户家庭的流动资金（按每头牛等于 5 只羊来换算）。如图 9-6 所示，从流动资金来看，三个案例村的资产状况相差无几。从中我们可以看出，三个案例村平均每户家庭拥有的羊单位数量在 400 个左右，折合成现金大约在 280 000~320 000 元之间。

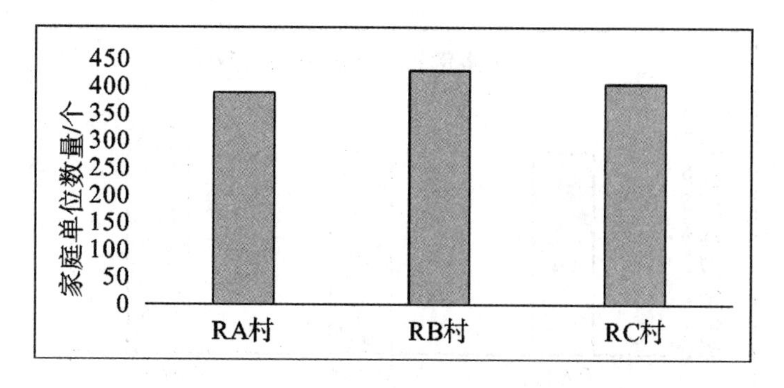

图 9-6　RA 村、RB 村和 RC 村牧户的流动资产

9.3.2　牧户人力资本

在人力资本方面，本书主要通过样本牧户的户主受教育程度以及家庭劳动力来分析三个案例村的人力资本。从牧户户主受教育水平来看，三个案例村没有出现较大的差异，如图 9-7 所示。具体体现为：RA 村、RB 村和 RC 村的牧户户主受教育水平的平均赋值分别是 0.7、0.52 和 0.43，介于未念书和小学之间。其中 0、1、2、3、4、5 分别表示受教育状况为未念书、小学、初中、高中、高职、大专及以上。基于此，本书认为三个案例村的样本户的户主们受教育程度相对较低，且三个村之间没有明显的差异。

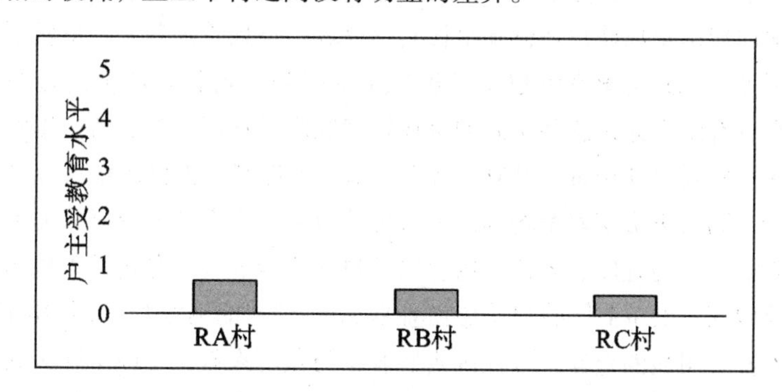

图 9-7　RA 村、RB 村和 RC 村的牧户户主受教育水平

考虑到牧户家庭在参与旅游业期间，有很多的老人小孩等非劳动力在帮助经营骑马场、小卖部和餐饮等旅游项目，以便提高自家的游客接待能力，本书选取“牧户家庭总人数”作为劳动力数量的衡量指标。从劳动力数量来看，三个案例村的家庭劳动力在人数上并没有太大差异，如图 9-8 所示。可以看出，三个案例村平均每户家庭拥有的劳动力人数在 6~8 人之间。

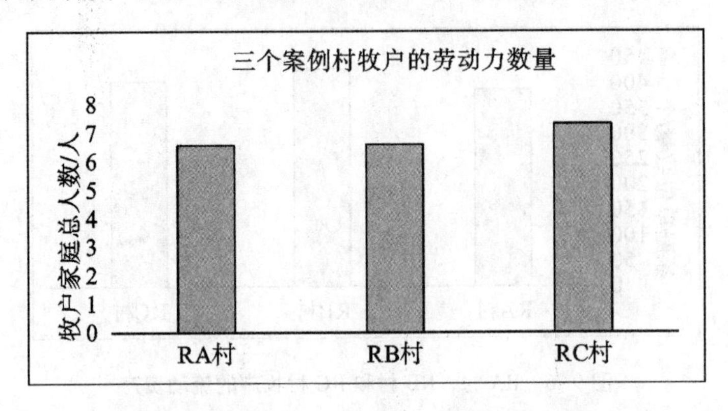

图 9-8　RA 村、RB 村和 RC 村的劳动力数量

9.4　本章小结

20 世纪 80 年代以来，我国政府在草原牧区推行了草场家庭承包责任制，社区共用的草场被承包到个体牧户，以个体牧户为一个单位形式经营草场。但由于草原资源的复杂性、分布的广泛性以及社会对草原认识的局限性等原因，在实际的草原管理中，除了实行草场承包到户以外，也有许多牧区在畜牧业生产实践中创造出草场联户经营和全村共用草场等草场管理制度。虽然不同的草场管理制度，尤其是家庭承包制对畜牧业生产和草场管理产生的影响研究较多，但很少有研究讨论这些不同的草场管理制度对社区参与旅游的影响。埃莉诺·奥斯特罗姆（Ostrom，1990）认为，草场管理制度不仅决定着社区如何去使用草场，同时也决定着草场利用和管理的效率。本章的研究成果如下：

从旅游业参与程度、方式、内容以及户均旅游业收入分析结果显示，实施了草场承包到户的 RA 村的户均旅游业收入低于其他两个村，而 RB 村和 RC 村的收入没有明显的差异。从社区旅游业参与程度来看，实施了社区共用草场的 RB 村的旅游业参与程度明显高于其他两个村，并且旅游业参与方式和参与旅游业的内容也明显高于其他两个村。从物质资本和人力资本的对比分析来看，三个村没有明显的差异。本章的分析结果与三个案例村的草场制度安排有直接的相关性，即草场是社区参与旅游的主要资源，不同的草场管理制度协调牧户之间的草场资源分配以及社区组织和社区内部的社会网络与关系，进而影响牧民参与旅游的方式、程度以及收入。基于此，本书认为社区共用草场的模式维持了社区组织在草场管理中的作用，因此更好地促进了社区旅游业参与。

10 草场管理背后的机制分析

贵南县和若尔盖县的案例分析结果显示，无论是在高寒荒漠草原还是高寒草甸草原，与草场流转相比，放牧配额管理在提高牧民生计、减少贫富差距、畜牧业生产、草场生态以及牧民参与草原旅游业方面显得更加有效。本章将采用制度嵌套性的视角来解读草场流转和放牧配额管理背后的机制是什么，它们为什么会产生不同的社会生态影响以及在草场管理的制度中市场机制与习俗制度的关系是什么。本章的前提假设是，牧民自组织的放牧配额制度比草场流转更有效是因为新的制度安排促进了市场机制嵌套社区习俗制度的管理模式，因此本章将进一步探讨不同的草场管理下的市场机制与习俗制度的关系。

10.1 市场与习俗制度的关系：嵌套性视角

根据本书第 4 章所建立的嵌套性视角分析框架，下面将从社会网络以及场域这两个方面分别分析社会系统内部的关系和社会系统与生态系统之间的关系以此来解读草场流转和放牧配额管理的治理结构以及背后的机理，进而讨论草场流转和放牧配额管理所协调的市场与习俗制度的关系，以及这样的管理模式导致不同的社会生态影响的机制。

10.1.1 社会系统内部的关系：社会网络的视角

在社会网络视角下，从社会系统互惠关系、再分配机制和交换机制以及个体行为与社会文化因素的关系方面，比较分析不同案例管理制度下，市场机制与习俗制度的不同关系的本质。

GA 村和 RA 村执行的草场流转是基于草场使用权承包到户，把畜牧业生产和草场资源管理的所有权属和责任承包给牧户，通过市场机制来促进牧户之间的草场使用权交易及分配草场资源和协调牲畜移动。因此，在草场流转的管理下，牧户个体的产权交易成为牧民获取草场资源的主要渠道，而以牧户个体为中心的草场管理组织逐步取代了社区组织在草场资源分配中的作用。其次，草场流转的范围没有限制于村内，个体之间无论之前是否存在社会互惠和亲缘关系，任何一个有能力支付租场资金的牧民都能获得机会去租入这两个村的个体牧户的草场。因此，一个牧户获取草场资源的能力仅限制于个人的支付能力，而传统社区组织、社会互惠关系等社会网络在草场资源分配中的作用逐渐被弱化。最后，草场流转过程的协议、价格和使用时间等都通过市场价格和供需规则来决定，而不再依靠社区原有的互惠关系来协调非正式的流转过程。在这样的社会网络中可以看到，RA 村和 RB 村原有的社区组织在草场管理中的作用已被弱化，社区内部原有的互惠和合作等社会网络被单一的市场交易网络所替代，村内草场资源分配的社会网络也仅限于牧户个体之间的交易关系。

与此相比，RB 村和 RA 村执行的放牧配额管理虽然在细节上有所差异，但它们都具有相似的社会网络结构来塑造治理结构。首先，与执行草场流转的两个案例村不一样，GB 村和 RB 村执行的放牧配额管理是在全村共用草场的前提下建立的，因此，社区组织和牧户之间的互惠关系在协调草场资源的分配以及季节性牲畜移动等放牧方式方面起着主要的作用。其次，如第 3 章的案例介绍中所述，两个村在社区组织下，明晰牧户个体放牧配额，并且个体牧户有权在村内通过放牧配额交易或者贷畜等方式进行放牧配额的协调，但具体的管理和监督等实施过程由社区组织承担。在这样的治理结构中，虽然牧户个体之间的市场交换（如放牧配额交易和贷畜等）是草场资源和牲畜分配的一个重要手段，但这样的手段由社区习俗制（如社区组织再分配机制、互惠关系等）来协调配置。基于此，本书认为放牧配额的管理通过结合社区组织再分配、交易以及互惠和合作等社会网络来协调村内的牧户个体之间、个体与社区之间的草场资源分配。

从个体的经济行为与社会文化因素的关系方面，下面进一步讨论草场流转和放牧配额管理为什么会采取不同的社会网络关系来管理草场。

GA 村和 RA 村都同样执行了基于市场机制的草场流转，牧户之间的草场使用权交易是两个村所采取的主要的社会网络。根据入户调研所得，无论租出还是租入草场的牧户，草场流转背后的主要驱动因素是个体利益的最大化。租入草场的牧户在流转合同间试图最大化地利用租入的草场，在减少自家草场压力的同时试图通过恢复牲畜移动来提高畜牧业生产或者躲避灾害。租出草场的牧户随着草场流转市场的扩大和竞争力增加，试图提高租出草场的短期收入。因此，牧户个体之间的草场资源分配更多地被短期的个体利益所激励，而并非是适应草场异质性特征、可持续利用草场资源或是面临自然灾害时去协助村内的其他牧户而采取的应对措施。草场流转单靠已承包后的牧户个体草场为牧户带来的利益作为驱动因素来进行草场资源的分配，因此，这样的经济行为逐渐脱离了牧区传统的社区社会网络。

放牧配额管理协调的社会网络具有复杂性，其背后的驱动因素也多样化。GB 村和 RB 村在维持社区共用草场的同时采取了放牧配额管理制度，这两个村子的原因结果显示（见第 3 章），两个村在保持原有的社区组织和互惠关系的基础上凭借市场网络来协调草场资源分配，其背后原因包括：第一，随着草场经营权的市场不断扩大，很多个体牧户对草场资源利用的公平性的需求增大，村内多个少畜户与无畜户提出想通过明晰个人产权来获得补偿的要求，但同时这些牧民又不想失去社区共用的草场来适应草场生态系统。为了解决这样的困境，牧户选择遵从社区组织安排的放牧配额管理和规则，通过明细放牧配额权来控制富裕户扩大畜群规模，帮助贫困户以放牧配额权交易获得补偿和收入。第二，社区互惠关系在草场管理以及畜牧业生产方面发挥着不可替代的作用，包括维持季节性游牧、畜牧业生产方面的劳动力共享以及更好地适应的自然灾害等方面。因此，GB 村和 RB 村在维持社区共用草场及通过放牧配额管理来控制村内的牲畜数量是为了更好地协调牲畜与草场生态之间的关系，这不仅能帮助畜牧业更好地适应草场生态的多变性特征，同时也能保持可持续的草场资源利用并保护草场生态。第三，出于帮助村内贫困户的责任、因文化信仰不愿出栏小畜给屠宰场以及避免杀生等文化因素的考虑，这些也是导致两个村的村民选择放牧配额管理的重要原因。因此，放牧配额管理虽然也需要凭借市场的手段来配置草场资源，但其背后的因素不仅包括个体利益最大化，也受到互惠关系、文化信仰、社区利益等因素的影响。所以，放牧配额管理需要依靠市场与习俗相互嵌入的治理结构来进行草场资源分配。

基于上述的社会系统内部的牧民个体之间、个体与社区之间的社会网络及其背后的驱动因素分析，本书发现在草场流转的管理模式下，草场资源利用、分配及管理的过程全部是凭借市场网络来进行牧户个体之间的资源配置的，这会与社区原有的互惠关系、社区组织和牧户合作等社会网络发生脱离。另外，在草场流转的管理模式下，草场资源利用、资源分配和牲畜移动的行为管理等都由短期的个体利益所决定，而与社区组织、文化信仰和习俗规则以及传统知识相脱离。这导致牧户为了实现个体的短期利益而最大限度地利用租入草场或者凭借市场竞争来提高租出草场的价格。因此，本书认为在草场流转的管理模式下，市场机制由于重新定义了社会系统内部的社会网络结构，从而使得在草场管理中市场机制的力量有所增强，社区习俗制度的作用被弱化，两者之间出现了脱嵌的关系。与此相比，放牧配额管理虽然也需要凭借市场网络来协调牧户个体之间的放牧配额，但是这样的市场网络嵌套于社区组织再分配、牧户之间的互惠与合作等社会网络中。另外，放牧配额管理下所采取的市场机制背后具有复杂的目标和激励。RB 村和 GB 村采取的市场机制虽然也是为了实现牧户个体利益的最大化，但其市场机制的执行过程和发展被嵌套在牧区文化信仰、社区习俗规则中。基于此，本书认为在放牧配额管理模式下，市场机制是牧户个体之间进行草场资源分配的主要手段，但这样的手段是与社区组织和互惠关系等结合起来以进行牧户个体之间以及个体与社区之间的草场资源分配。并且，虽然表面上所采取的放牧配额交易或者贷畜牧等市场手段是为了实现个体利益最大化，但其交易过程以及相关规则都由社区习俗制度和文化信仰所管治，两者间呈现出嵌套性关系。

上述的草场流转和放牧配额管理所协调的不同的市场机制与习俗制度关系导致了社区系统内部不同的草场资源分配机制，从而对畜牧业生产成本和在贫富差距产生了不同的影响。本书中贵南县案例区域位于半干旱地区，草场资源在时空尺度上具有很强的异质性特征。干旱是影响当地畜牧业生产和草场资源利用的主要自然灾害。若尔盖县的两个案例村的降水量虽然波动相对较小，但时空尺度上的草场资源分布的异质性同样较强，全村草场由湿地、山地草场和草甸草场等不同类型草场组成，雪灾是影响畜牧业生产的主要自然灾害。因此，通过不同时空尺度上的牲畜移动来获取草场资源及适应生态特征来维持畜牧业生产是不可避免的手段。然而，GA 村和 RA 村执行草场流转后，社区内部的社会网络都被单一的市场网络所替代，获得更多的草场资源和增加牲畜移动的唯一途径是草场经营权的交易，这是引起 GA 村和 RA 村畜牧业生产成本持续增加的主要原因。与此相比，GB 村和 RB 村在执行放牧配额管理后，两个村仍然保持全村共用草场，并且由社区习俗制度来监督牧户使用草场资源的行为，每个牧户都在社区组织的安排下在全村共用的草场进行放牧，这也解释了 GB 村和 RB 村畜牧业生产成本低于实施了草场流转的两个案例村的原因。

在贫富差距方面，草场流转为少畜和无畜的贫困户提供了一定获取收入的机会，所以，草场流转通过草场资源使用权的交换在资源分配公平性方面有一定的作用。但是当市场网络弱化甚至取代了社区组织和社会互惠关系的时候，获取草场资源的能力就取决于牧民租入草场的支付能力，因此很多贫困牧户的畜牧业资产因无法获取草场资源而没有提高，贫困户的畜牧业生产和生计并没有在根本上得到改善，从而使得 GA 村和 RA 村的贫富差距呈稍有增加的趋势。

与此相比，在GB村和RB村实施的明晰放牧配额的制度在满足了少畜户和无畜户对于草场产权明晰、资源利用公平性的需求的同时，仍然保持全村共用草场，因此与实施草场流转的两个村不平均，不会发生因支付能力的差异而导致获取草场资源的不同。这也说明了为什么GB村和RB村在执行放牧配额交易后，牧户资产得到增加，贫富差距呈缩小的趋势，并且贫富差距的缩小不是以全村总资产下降为代价的。

10.1.2 社会与生态之间的关系：场域的视角

本书从场域的视角探讨放牧配额管理和草场流转如何协调社会系统与生态系统的关系。

随着市场化的发展，GA村和RA村执行草场流转制度，通过市场机制促进草场资源的利用，少畜、无畜的牧户通过出租草场得到相应的补偿，而牲畜大户通过租入草场来维持或扩大畜群。首先，随着市场化的发展以及社会经济的变化，牧民试图提高畜牧业生产规模已成为不可忽略的事实。但是在协调畜牧业生产方面，草场流转把草场资源看为可替代的生产资源，认为富裕户只要租入更多的草场资源，增加草场资源量上的供给就能满足畜牧业生产规模的需求。但这样的认识忽略了牲畜与草场生态之间的动态关系在畜牧业生产中的作用。从本书第2章的文献综述以及第5~9章的制度影响分析中可以看到，维持畜牧业生产不仅需要充足草场资源供给，更需要关注牲畜的食草行为、水资源的持续提供、更大时空尺度上的移动来获取草场资源以及适应自然灾害等因素。因此，草场流转单靠市场机制来提高草场资源的供给量，却脱离了与社区习俗制度所协调的畜牧业与草场之间的动态关系。其次，在草场利用方面，草场流转通过经济激励来鼓励牧户控制牲畜数量，保持草和畜的载畜量平衡来解决草场资源的稀缺性问题。然而，这样的手段忽略了牲畜移动和食草行为在草场资源的可持续利用方面的作用。从本书的制度影响分析中可以看到，草场流转把原有的四季游牧转换到两个牧户草场之间的划区轮牧时，因牲畜移动的变化而对草场生态带来了明显的负面影响。同样地，在本书第2章的文献综述中以及第3章的牧户访谈中也提到，牲畜通过移动能够维持草场景观尺度上的不同斑块之间的连接度并影响草场的生物多样性分布。然而，草场流转试图凭借市场机制的激励来控制牲畜数量，却脱离了与习俗制度所协调的牲畜移动和草场生态之间的动态关系。基于此，本书认为草场流转更多关注社会经济变化引起的规模化畜牧业生产的需求以及对草场资源的稀缺性问题，其协调的草场资源利用方式仅限于用社会经济的手段来替代草场资源或者激励牧民保持载畜量，却忽略了草场生态系统的特征以及草场与牲畜之间共同进化的动态关系。因此，基于草场流转的管理模式脱离了与社区习俗制度所协调形成的牲畜与草场之间的耦合关系。

与此相比，GB 村和 RB 村所执行的放牧配额管理在协调草场资源利用方面更多关注牧区社会生态系统相互作用和耦合的关系。首先，本书第 3 章的制度变化分析结果显示，放牧配额管理关注了由于草场的市场价值增加等社会经济的变化而引起了牧民对于草场产权明晰的要求，但同时也保持了社区共用草场来维持牲畜与草场之间的动态关系，去更好地适应草场生态的特征。在畜牧业生产方面，放牧配额管理是从草场生态的特征出发，保持社区共用草场来满足畜牧业生产的需求，包括维持更大时空上的牲畜移动来解决牲畜的食草行为、获取不同的草场资源以及维持具有弹性的放牧方式来适应自然灾害。因此，放牧配额管理依靠习俗制度来维持畜牧业生产与草场生态之间的动态关系。其次，本书第 3 章的制度变化分析中也提到，放牧配额管理执行放牧配额是因为意识到市场化的发展引起了牲畜数量过多对草场生态带来的影响，但同时也关注了放牧方式对草场生态的影响。因此，放牧配额管理模式在凭借市场机制明晰放牧配额、控制牲畜数量的同时，依靠社区习俗制度来维持牲畜移动与草场生态之间的动态关系，通过维持社区原有的四季游牧等放牧方式来协调草场资源的利用和保护。基于此，本书认为放牧配额管理同时关注了牧区社会经济变化和生态系统的特征，因此，在协调草场资源利用过程中，既采取市场机制来协调社会经济变化带来的牲畜数量过多导致的生态影响，又考虑到牲畜移动与草场生态之间的相互作用的关系，从而协调了市场与习俗制度相互嵌入的草场管理措施。

基于上述的社会系统与生态系统的关系分析，本书认为草场流转更多的是在关注社会经济变化引起的规模化畜牧业生产的需求以及草场资源的稀缺性问题，从而使其协调的草场资源利用方式仅限制于用社会经济的手段来替代草场资源或者激励牧民保持一定的载畜量，却忽略了草场生态系统的特征以及草场与牲畜之间共同进化的动态关系。因此，草场流转管理模式在协调草场资源利用中更多地把牧区社会和生态变化分开来考虑，并没有关注两者的耦合和相互作用的关系，从而脱离了其与社区习俗制度协调下形成的牲畜与草场之间的耦合关系。与此相比，放牧配额管理考虑到牧区社会生态系统耦合和相互作用的关系，基于此的草场管理模式将市场与习俗制度相互嵌入，解决了市场化带来的资源分配的公平性问题以及牲畜数量过多导致的放牧压力；同时，由于这样的管理模式保持了牧区原有的社区习俗制度，且与牧区生态系统特征紧密联系，从而可以应对生态系统的异质性特征。

草场流转和放牧配额管理通过不同的市场机制与习俗制度关系来协调社会与生态关系进而影响草场资源利用的过程，从而解释了对畜牧业生产和草场生态带来的影响。草场流转单一地关注草场资源的稀缺性，却忽略了草场与牲畜之间的动态关系，而单靠市场机制却无法适应草场生态的异质性特征。这也解释了为什么两个村执行草场流转后虽然畜牧业生产方面的成本投入在增加，却导致整体畜牧业生产下降、牲畜死亡率增加和畜牧业收益率下降的趋势。此外，本书第 7 章的生态影响分析结果显示，因牲畜移动和放牧方式变化导致的植被群落结构的变化是草场流转对草场生态所带来的影响。草场流转更多地关注牧户个体草场的承载率，却忽略了牲畜移动在维持全村整体草场的可持续利用方面的作用，从而导致很多个体牧户的草场上放牧压力过大，尤其是处于短期出租的草场上放牧压力过大，草场出现了以不可食的杂草为主的植被群落结构，整体草场退化程度增加。与此相比，GB 村和 RB 村在执行放牧配额管理后，在通过明晰放牧配额来控制总的牲畜数量的基础上，依然保持了原有的四季游牧和日常的放牧方式。因此，放牧配额管理不仅考虑到了草场资源的稀缺性以及相应牲畜数量的控制，同时也保持了草场与牲畜之间的动态关系，从而既满足了畜牧业生产的需求，也促进了草场生态功能和效用的可持续利用的发展。这也就解释了执行放牧配额管理的两个村的畜牧业生产为什么没有下降，草场生态的状态反而得以保持甚至有所改善的现象。

10.2　草场流转和放牧配额管理的区别：效用获取视角

草场流转和放牧配额管理制度在协调草场资源分配与利用方面有着不同的管理模式，对牧区社会生态系统带来的影响也不同。那么本书探讨草场流转和放牧配额管理的本质区别是什么？本书在草场管理制度背后的机制分析中已详细讨论了这两个管理模式如何导致了不同的结果，但在这里需要探讨的是这两个管理模式在本质上是由哪些差异导致的不同的管理策略、模式和制度。本书利用第 4 章中建立的环境效用理论来解读两者的差异。

草场使用权由社区共有还是由牧户私有，是我国草场管理中一直争议的一个话题。然而，环境效用获取理论认为，无论草场使用权是私有还是共有，其争议的焦点是草地资源本身如何分配，却忽略了如何配置草地资源与牧民、牲畜以及更大社会经济变化互动中为牧民提供的服务和效用。因此，环境效用获取理论认为自然资源的产权可以分为：①资源初始权配置，指资源本身的产权安排；②资源效用获取，指通过不同的制度安排获得自己拥有的环境资源提供的服务和效用的权力。基于此，本书在这里探讨草场流转和放牧配额管理的本质区别。

如图 10-1 所示，实现草场流转管理模式的前提是完善草场承包到户，使得牧户个体拥有草场使用权。两个已实施了草场流转的案例村把全村共用的草场承包到户，并在草场上建立围栏来明确牧户个体草场之间的边界。在此基础上，靠市场交易的手段来租入、租出牧户个体的草场，但是在流转期间的规则和价格都是基于草场资源本身的特征来制定。随着社会经济的变化，草场为牧民提供了不同的服务和效用，包括畜牧业生产地、草场生态服务、旅游开发地、药材资源等，而这些不同的服务和效用需要在不同尺度上对草场资源进行分配。但是，在草场流转中，牧民并没考虑到草场资源为牧户提供不同的服务和效用，而是考虑如何通过市场机制来流转牧户个体的草场。因此，本书认为草场流转所配置的产权是草地资源的初始权，通过市场机制来交易牧户个体的草场资源，而并非综合考虑这个草场为牧户个体和全村所提供的服务和效用。草场流转背后的行动者也相对单一，政府通过法律来保障和完善草场承包到户，明晰牧民与草场（物质）之间的产权关系，进而促进牧户个体之间的草场经营权流转。草场流转背后的主要行动者为牧户个体与政府，而社区组织在其中无法起到作用。基于此，本书认为草场流转所配置的内容是草场资源的初始权，把草场视为独立的资源，关注草场资源本身的相关权属的分配。

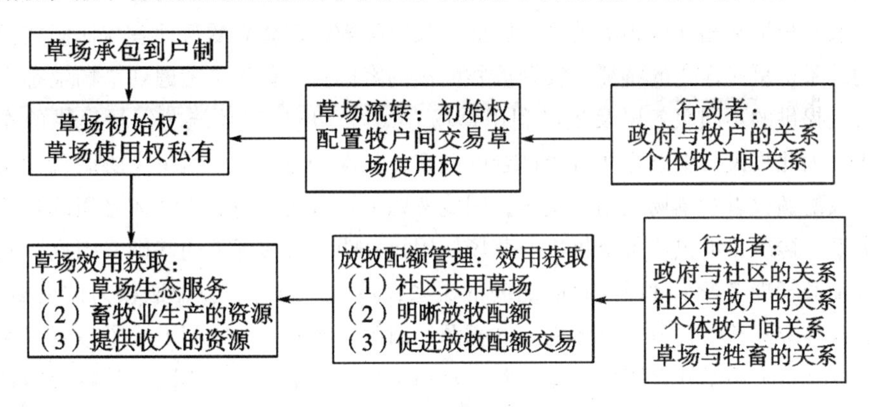

图 10-1　草场流转与放牧配额管理本质上的区别

与此相比，从实施了基于社区的放牧配额管理的两个案例村的情况来看，放牧配额管理与草场流转不同，放牧配额管理关注的是“草场-牧民-牲畜”相互作用的综合系统，从而配置的是草场资源为牧区社会生态系统所提供的资源效用和生态服务功能。第一，放牧配额管理强调牧区草场生态系统的复杂性和异质性特征以及放牧方式与生态系统之间的动态关系，从而保持社区草场的共用来促进可持续地利用草场生态系统，同时弹性的放牧方式可以让畜牧业的生产更好地适应草场生态的特征。第二，在多变的生态环境下，保障每个牧户都有公平的机会在不同的季节获得草场资源也是维持社区共用草场的另一个目的。第三，GB 村和 RB 村在实施放牧配额管理中，位于贵南县的 GB 村执行放牧配额时，明晰放牧配额是根据已明晰到牧户个体的草场使用权面积来决定的，而在位于若尔盖县的 RB 村，明晰放牧配额的依据是基于资源共有产权上的社区成员人人均等的原则。这也说明除了适应草场生态的特征以外，控制全村牲畜数量也是保持可持续利用草场资源的重要手段。第四，随着市场经济的发展包括草场经营权流转的市场推进、牧区生态旅游及药材市场的开发、牧区人口流动量的增加等，草场资源为牧民提供的服务和效用呈现多样化的趋势。在这样的变化中，很多牧民提出共用草场会导致资源分配的不公平性问题，要求牧户个体拥有明晰的草场权属。因此，根据草场所提供的服务不同，本文案例分析中已实施了放牧配额管理的两个村采取了不同的管理措施来配置草场所提供的服务。比如，位于若尔盖县的 RB 村保持社区共用草场来促进多样化的牧民参与旅游业方式，从而提高牧民从旅游业中获得的收入。同样地，贵南县和若尔盖县通过明晰牧户个体的放牧配额权，以配额补偿或者贷畜的方式协调牧户个体之间的补偿，为无畜户和贫困户提供了获取收入的机会。放牧配额管理不仅考虑到草场与牲畜之间的动态关系，同时也考虑到社区与牧户个体之间的权利分配和相互作用的关系。因此，放牧配额管理背后的行动者与他们之间的关系也呈多样化的特征。实施放牧配额的案例村，首先，考虑到草场生态为牧民提供的不同服务以及牧民利用草场方式为草地生态系统的保护提供的作用，因此牧民与生态之间有着耦合的关系；其次，通过社区组织来协调和分配放牧配额权以及草场利用方式等，因此考虑了社区组织与牧户个体之间的互动关系；再次，承包给每个牧户的草场使用权是明晰放牧配额的基础，因此，放牧配额管理考虑了社区与政府之间的关系；最后，通过放牧配额权力的交易、贷畜等方式来配置牧户个体之间的资源，因此，牧户个体之间形成了市场嵌套社区互惠关系的社会网络。基于此，本书认为，与草场流转不同，放牧配额管理基于草场资源的效用和服务来协调牧民与草场、牧民个体之间以及牧民与社区之间、草场和牲畜之间的关系。放牧配额管理在协调草场资源的利用和分配中，区分草场资源的初始权（使用权）和草场资源的效用获取，根据草场所提供的效用和服务功能，配置牧民获取这些草场资源效用的能力。

10.3 本章小结

在草场流转和放牧配额管理的治理结构中，市场机制与社区习俗的关系及其作用方面存在明显的差异，从而对牧区的社会生态系统带来了不同的影响。草场流转通过对牧民已有资源进行配置来为富裕户提供获取更多草场资源的机会，同时也为贫困户提供租出草场来获取收入的机会，从而在某种程度上实现了牧户之间的草场资源分配的公平性，并且提高了个别牧户的畜牧业生产和生计能力。然而，这样的制度安排忽略了社会系统内部的社区组织和互惠关系的作用，从而失去了社区与牧户个体之间相互作用的社会网络，导致社区在适应草场生态中原有作用的失灵。因此，在实施草场流转后，牧民的畜牧业生产成本增加但畜牧业生产未得到改善，牧户的总畜牧业资产呈下降的趋势。同时，当市场机制脱嵌于社区习俗制度的时候，这样的制度安排试图通过经济激励促进草场生态的保护，但却忽略了牲畜与草场生态之间的动态关系，因此草场生态状况无法从根本上得到改善。与此相比，放牧配额管理采取了市场机制嵌套在社区习俗制度的激励机制，保持社区共用的草场资源利用方式的基础上，明晰放牧配额，采取市场机制分配资源。因此能够通过市场机制和社区习俗制度共同协调草场资源的分配和利用，在满足牧户个体对于权属明晰和补偿需求的同时，适应草场生态系统的特征，提高牧户的畜牧业生产和资产水平，同时也维持了草场资源的可持续利用。基于此，本书认为基于社区的放牧配额管理促进了市场嵌套在社区习俗制度的草场管理的模式，既考虑了社会经济的变化引起的社区和牧户个体的需求，也考虑了草场生态的多变性特征及适应策略，因此在畜牧业生产、牧户生计、草场生态、参与旅游等方面比草场流转更有效。

11 结论与政策建议

11.1 结论

基于市场机制的草场流转是执行草场承包到户后重新整合草场资源、优化草场资源配置的手段，以此来促进畜牧业规模化生产及保护草场生态环境。随着市场化的发展以及草场流转的推进，草场进入市场成为可交易的资源，在这样的变化中，青藏高原的牧区开始出现了基于社区习俗制度同时结合市场机制创造的新草场管理模式，即社区放牧配额管理。因此，本书试图回答的现实问题是草场流转和放牧配额管理是否将对牧区社会生态系统带来不同的影响？基于案例村的对比分析，本书发现：

第一，牧户资产的分析结果显示，草场流转虽然改善了个别牧户的生计，但总体牧民的生计并没有得到改善，甚至有进一步下降的趋势。与此相比，执行放牧配额管理的两个案例村的牧民总体生计没有发现下降的趋势。另外，执行草场流转后，牧户资产贫富分化程度高于放牧配额管理。执行放牧配额管理的两个村贫富差距的减少，并不是以总体资产的减少为代价的。

第二，畜牧业生产分析结果显示，执行草场流转后，畜牧业生产量下降、牲畜死亡率增加。虽然草场流转恢复了个别牧户的畜牧业收益率，但牧户整体的畜牧业收益率均呈持续下降的趋势。与此相比，执行放牧配额管理的两个村的畜牧业生产量增加，死亡率减少，畜牧业收益率均未发现下降的趋势。这也说明了，在畜牧业生产方面，放牧配额管理比草场流转更有效。

第三，牧户信贷行为方面，执行草场流转后，牧户对贷款的依赖程度增加，很多牧户面临没有能力及时还款的挑战，进而导致很多牧户陷入债务的恶性循环。

第四，牧民参与旅游业方面，执行草场流转后的案例村，其牧户旅游业参与程度、方式、内容以及收入都低于实施基于社区的放牧配额管理后的案例村牧民。实施放牧配额管理后，社区依然能保持全村共用草场，社区组织在草场资源分配以及社区参与旅游业方面起着重要作用，因此，执行放牧配额管理的案例村中牧民参与旅游程度较高，且收入较高。

第五，草场生态方面，草场流转虽然恢复了一定程度上的牲畜移动，个别牧户尤其是长期租入草场的牧户得到了放牧压力的缓解。但是，草场流转仅局限于牧户个体的草场之间的牲畜转移，被流转的草场尤其是短期出租草场以及自用草场（既没有租入和租出草场）承受了较大的压力，从而使整体草场呈现较高的退化程度。与此相比，执行放牧配额管理的两个案例村的植被群落结构方面依然以禾草和可食杂草为主，且物种退化的比例相对较小，因此草场生态的退化程度也相对较低。

根据以上的分析结果，本书的结论是无论在高寒荒漠草原还是高寒草甸草原，与草场流转模式比较，放牧配额管理在提高牧民生计、减少贫富差距、畜牧业生产和草场生态方面都显得更有效。

为了分析草场流转和放牧配额管理模式导致的不同影响的背后机理，本书试图回答的第一个学术问题是基于嵌套性视角的分析框架，分析草场管理中市场机制与习俗制度的关系及其作用，本书发现：

第一，社会网络方面，执行草场流转后，社区内部牧户之间的草场资源分配仅靠单一的市场交易，原有的社区互惠关系和社区组织等社会网络被逐渐弱化，并难以继续在草场资源利用和分配方面发挥作用。与此相比，放牧配额管理通过社区组织的互惠和合作等关系来进行资源的交易与再分配，以协调草场资源的分配。此外，草场流转背后的主要驱动力是将个体利益最大化，包括最大化利用租入草场或者最大化租出草场的收入，而社区组织、文化信仰、习俗规则以及适应草场生态的传统知识的激励力量逐渐弱化。与此相比，放牧配额管理下采取的市场机制在考虑个体利益最大化的同时，更兼顾个体对资源利用和分配的公平性的需求，同时也受到适应草场生态的社区利益以及帮助贫困户、避免杀生等文化信仰的影响和约束。

第二，社会系统与草场生态的关系方面，草场流转关注因市场需求和人口增长而带来的放牧压力，从而采取市场机制明确草场载畜量，以内化草场资源的稀缺性问题和资源分配的公平性问题。因此，本书认为草场流转协调的草场资源利用方式仅限于用社会经济的手段来替代草场资源或者激励牧民保持载畜量，却忽略了草场生态系统的特征以及草场与牲畜之间共同进化的动态关系。草场流转更多地关注社会经济变化带来的影响，却没有关注草场生态与牲畜之间的耦合和相互作用的关系。与此相比，放牧配额管理考虑到了牧区社会生态系统耦合和相互作用的关系，是市场与习俗制度相互嵌入的草场管理制度，关注市场化发展带来的社会变化，包括资源分配的公平性、牲畜数量增长导致放牧压力等问题，依托牧区原有的社区习俗制度，与牧区生态系统特征联系起来，以应对草原生态系统的异质性特征。

基于此，本书认为当市场机制嵌套在牧区习俗制度中时，草场管理模式更有效。因为这样的管理模式在满足了牧户个体对于权属明晰和补偿需求的同时，实现了草场资源的公平分配，促进了牧户的畜牧业生产和资产的提高，也维持了草场资源的可持续利用。

本书试图回答的第二个学术问题是草场流转和放牧配额管理的本质区别是什么。基于环境效用获取分析框架，本书发现草场流转的对象是草场资源本身的初始权（endowments），其仅通过市场机制来配置草场资源的初始权，试图以此获取草场资源的效用。因此，草场流转背后的行动者是政府，通过完善执行草场承包到户，明晰牧民与草场（物质）之间的产权关系，以促进牧户个体之间的草场交易关系。然而，放牧配额管理的对象直接就是草场资源的效用获取，把草场资源的初始权与其提供的效用和服务功能分开，通过将市场机制嵌套在社区习俗制度的管理手段来配置草场资源所带来的效用和服务功能。随着市场化的发展，草场资源为牧户个体和社区组织提供了多样化的服务和效用，包括畜牧业生产地、为旅游开发提供资源等。因此，放牧配额管理根据草场所提供的服务和效用来制定相应的产权，如放牧配额权和部分旅游参与权明晰到牧户个体，但同时放牧方式和部分旅游参与权保持在社区尺度上，这进一步解释了草场流转和放牧权管理所带来的不同社会生态影响的本质原因。因此，放牧配额管理的产权安排不仅关注牧民与牧民之间以及牧民与草场之间的关系，也考虑牧民与社区组织的关系以及草场和牲畜之间的动态关系。基于此，本书认为将草场资源的初始权和效用获取权分离为青藏高原草场及我国其他草场管理产权提供了新的认识和视角。

11.2 青藏高原草场管理政策的改进建议

本书发现在具有时空异质性特征的青藏高原牧区，随着市场化的推进，基于社区的放牧配额管理模式在草场管理中比草场流转更有效。本书进一步深入讨论了两个管理模式背后的治理结构以及本质区别。基于这样的分析内容和结论，本文建议从以下几个方面改进目前的青藏高原草场管理政策。

第一，草场管理政策应该提倡市场机制和习俗制度相互嵌入的草场管理模式。一直以来，我国草场管理政策试图通过市场机制以及外部资源的输入来替代社区习俗制度以及控制草场资源的时空异质性特征，从而实现稳定、可预测的畜牧业生产经营。然而，本书的研究结果表明，单靠市场机制和外界资源的输入无法从根本上改善牧民生计、畜牧业生产以及草场生态的状况。草场生态具有时空尺度上的多变和异质性特征，牧区的牲畜与草场生态经过数千年相互作用形成了独特的动态关系，而社区习俗制度也是基于这样的社会生态系统特征而产生的。因此，草场管理中投入外界资源和市场机制虽然有助于分配资源和提高畜牧业生产，但是面对草场生态的时空异质性这个不可改变的事实，市场的手段不能完全脱嵌于社区习俗制度。本书研究的结果也很好地证明了只有市场机制嵌套于社区习俗制度中，两者间建立互补的关系才能更好地协调生态特征和市场化对草场管理带来的影响。基于此，为了避免进一步推广草场流转导致社区习俗制度的削弱，本书建议草场管理政策的目标应该从过去的制度规范性逐步转换到制度演化的过程，强调和提倡市场机制与习俗制度相互嵌入的草场管理模式。

第二，草场管理政策需要关注在社会生态系统变化中牧民获取草场资源效用的能力。本书第1章的文献综述显示，已有的多数研究仅关注单一的市场机制或者是习俗制度在草场管理中的作用，并过于强调两者是不同的管理模式。本书认为造成这一结果的重要的原因是许多学者对草场产权持二元化观点，即草场应该私有还是共有。关注习俗制度的研究认为社区组织是习俗制度的基础，执行草场（使用权）私有化削弱了社区组织在草场管理中的作用，而共有产权能促进社区组织作用的持续发挥。与此相比，牧区的市场机制是草场承包或者私有化之后逐渐产生的，因此很多决策者和学者认为草场产权明晰到牧户是市场机制发挥的前提条件。基于此，本书发现无论草场使用权是社区共有还是牧户个体拥有，草场管理政策的产权安排应更多关注怎样配置草场资源本身的相关权属，明确牧民与草场（物质）之间的关系，以协调草场资源的分配。

然而，本书认为重新认识草场的产权是市场机制适应社区习俗制度一个关键点。本书的研究结果显示，牧区草场管理的关键不在于草场资源的初始权配置，而在于如何协调人、草、畜的关系以达到有效发挥草场的生产和生态功能的目的，并在牧区社会生态系统的变化中协调牧民获取草场资源效用的收益能力，如基于放牧配额的管理模式。此外，本书的研究还发现，在放牧配额管理中，放牧配额的依据既可以是草场使用权明晰到户的草场面积，也可以是保持全村共用的草场面积。基于此，本书建议，草场管理的产权安排应该突破草场使用权共有还是私有的争议，应该像放牧配额管理模式那样关注草场为放牧系统提供的效用和服务功能。

第三，产权明晰是草场资源分配的手段，并不应该成为草场管理政策的目标。随着市场化的发展，青藏高原的牧区与更大尺度上的社会经济开始发生紧密的联系并对其产生依赖。尤其是，随着草场流转的推进，草场逐步成为通过市场可交易的商品时，牧民不仅关注社区作为一个整体的社会组织的需求，也开始重视牧民个体之间的资源分配的公平性，并产生牧民对草场资源的相关权属进一步明晰的需求。同时，草场为牧民提供了多样的服务和效用，牧民从草场资源中想获得的服务也呈多样化，很多牧户要求草场产权明晰。虽然过去的草场管理政策一直强调把草场产权作为一个重要的手段来控制“过牧”的问题，但近年，牧区明晰产权的需要更多地来源于牧民自身开始重视保障个体产权以及对于实现草场公平利用的要求。这样的要求会导致牧民自发地承包草场以及建设围栏，从而削弱和打破社区习俗制度在草场管理中的作用比如案例地GA村和RA村。同样地，GB村和RB村的案例也显示，为了维持社区习俗制度在草场管理中的作用，以及实现草场资源分配的公平性，明晰草场资源的产权是必要的。基于此，本书建议，草场管理政策中产权明晰是必要的，但是明晰产权只是草场资源分配的其中一个手段，并不应该成为草场政策的目标。就如放牧配额管理模式所显示的，放牧配额的明晰是为了更好地发挥草场的效用和功能。

产权明晰是草场资源分配的重要手段，但建立围栏不一定是草场产权明晰的唯一手段。我国草场管理政策把草场产权明晰到牧户个体的时候，牧户之间的物质界线是实施产权明晰的主要手段。但是本书第1章的研究综述以及第4章的生态影响的分析结果显示：一方面户与户之间的草场围栏打破了原有的牲畜移动和采食方式，导致了草场生态的退化；另一方面牧户之间的这种物理边界进一步导致了社会关系的分化。与此相比，本书对放牧配额管理进行的分析结果指出，明晰草场产权，如放牧配额的明晰是一种社会机制，通过社区组织的管制和监督来维护牧户个体的放牧配额权。这样的产权安排不仅不会导致因物理边界建立产生的社会生态系统的破碎化，同样也能满足牧户个体对明晰产权的需求。因此，本书建议，草场管理政策明晰草场产权的时候，更应该关注怎样维持社区习俗制度来维护牧户个体的相关权属，而并非是建立物质边界来打破社区组织的作用。换句话说，草场管理政策更应该关注和认可如放牧配额管理等社区组织的产权明晰手段，因为放牧配额管理是在维持社区组织的前提下明晰牧户个体产权，而并不是通过明晰产权来打破和替代社区组织在草场管理中的作用。

第四，规避还贷风险，降低牧民对贷款的依赖程度及增强牧民还贷能力角度。对于信贷可能会给牧民带来相关的风险，本书建议政府在推行信贷政策时应更加谨慎，着重帮助牧民避免除自然风险以外的信贷可能带来的风险，例如利用针对牲畜产品价格的补贴政策等方式来提高牧民的收入水平，进而规避风险。通过发展牧区保险事业，鼓励保险机构在贫困牧区设立基层服务网点，针对牧区畜牧业经营特征，发展特色畜牧业保险。在发生严重的雪灾或大范围的干旱时，政府可以通过提供成本低廉的牧草及推广灾害保险等方式减少牧户借贷的金额，这样不仅可以帮助牧民降低自然灾害带来的风险，还可以规避信贷可能造成的风险。

首先，牧区发展政策应加强牧户之间的合作。草场承包到集体或联户的牧区，应更好地维持现有的共同利用资源的模式，维护牧民间原有的协作关系。而针对已经承包到户的牧区，当地政府应鼓励和培训当地的“能人”建立典型合作社作为示范，激励和扶持牧民积极开办和参与合作社，根据市场对畜产品的偏好积极引导合作社的开办类型和发展方向。其次，牧区发展政策应改善当地畜产品的市场地位。当地政府可定期组织牧户参加各地的农产品展销会，为当地的绿色、天然畜产品树立品牌和推广知名度，为牧民开拓更广泛的销售渠道和丰富销售手段，从而提高畜产品的附加值，改善牧民在定价中的不利地位。最后，增强牧民从市场发展获得利益的能力。为文化程度较低的牧民定期开展文化及语言方面的基础培训，以提高牧民整体对市场的接受程度和适应能力，通过提供优惠政策及技能培训等方式为牧户提供多样的收入来源，以分散畜牧业生产中的风险，减少牧民对畜牧业生产的依赖。强化牧区义务教育的监管力度，为牧区未来的可持续发展奠定坚实的基础，改变当前牧民文化程度普遍较低的情况。

第五，使社区在牧区旅游业的发展中更好地参与旅游业。旅游业发展政策应当认可社区组织在当地旅游发展中的作用，并维持互惠合作的文化建设，培育社区社会网络。根据本书研究结果，位于若尔盖县的RB村能促进多样化的牧民旅游业参与方式和内容是因为该村执行的草场管理制度维持了社区组织和牧户个体之间的相互影响。社区组织根据牧户个体和全村的需求，协调了多样化的旅游业参与方式，使牧民可以以集体和个体形式参与旅游业。因此，本书首先建议，牧区旅游业发展政策应当鼓励和认可当地社区经济组织。其次，本书认为政府应根据牧区需要为其提供金融服务和旅游技能培训，培育物质资本、人力资本。考虑到物质资本和人力资本对社区参与旅游的重要作用，在培育社会资本的同时，应配合其他资本建设，具体对策有：各大商业银行要加大牧区金融服务力度，如为牧区的个体经营户、联户经营户和“农家乐”合作组织等提供信贷支持；乡镇政府或村集体应该对牧户进行乳制品加工、民族工艺品制作、农家乐经营等旅游技能培训，消除牧民对服务工作的顾虑，强化牧民参与旅游的意识，提高牧户的旅游从业能力，使旅游服务向规范化和专业化方向发展。最后，开辟适应现阶段发展要求的新旅游业发展模式。正如吕君（2012）所说的，真正意义上的社区参与旅游是一个动态演进的过程，是一个阶段性和历史性的过程，不同时期的要求、任务和发展路径是不同的。认清适应现阶段发展要求的发展模式，才能不走弯路或少走弯路、实现跨越式发展。我国现阶段牧民参与旅游业的主要方式为开办小型经营实体，而这样一种发展模式决定了牧民参与旅游的程度是十分有限的。在中国，社区几乎都是被动参与旅游的，公司或政府由于自己所掌握的权力和资源而成为旅游参与中的强势群体，是占主导地位的利益主体。处于目前旅游发展阶段上的中国，经济驱动成了旅游发展的根本动力。这种经济驱动型的旅游发展，决定了政府发展旅游的首要目标是获得 GDP 的增长、获得税收的增长（保继刚、孙九霞，2006）。但随着我国经济发展方式的转变，GDP 早已不再是政府发展旅游的唯一目标，因此，我国现阶段旅游发展则更应该关注社区权利和意愿、关注社区发展，使得社区逐渐成为旅游业发展的决策者、管理者以及监督者。

11.3 本书的创新点

本书具有以下两个创新点：

第一，本书采取制度嵌套性视角来探讨市场机制与社区习俗制度在草场管理中的关系及其作用，为草场管理背后的激励机制分析提出了现实和理论上的新视角。虽然嵌套性理论是经济社会学解读个体经济行为的重要视角，但该理论很少被运用到自然资源管理中来分析资源利用的行为，尤其是个体与社区之间的关系格局。

第二，为草场管理产权问题提出了新的认识。我国草场管理政策一直强调草场资源的初始权配置，完善草场承包到户来配置草场资源。随着这样的政策出台，学术界也陷于草场使用权需要明晰到牧户的尺度上还是社区尺度上更有效的争议之中。然而，本书的研究结果发现，牧区的草场产权模式关键不在于使用权的共有还是私有，而在于如何协调人、草、畜的关系以达到有效发挥草场的生产和生态功能的目的以及协调牧民获取这些效用的能力，如基于放牧配额的管理模式。放牧配额管理是基于草场资源提供的效用，是在社区原有的习俗制度的基础上产生的一种管理模式。与草场流转的关注对象“草场资源的初始权”不同，放牧配额管理的关注对象是“草场资源的效用获取”。基于放牧配额管理模式通过将市场机制与传统习俗相结合，充分发挥草场资源的效用和功能。放牧配额的概念，把草场管理的产权安排中草场资源的初始权和该资源提供的效用获取能力加以区分，对草场产权实践和理论提出了新的认识。

11.4 研究不足与未来展望

首先，本书的研究主要从青藏高原草场管理中的制度演化为例。青藏高原牧区与其他牧区相比具有显著不同的特征，该地区的社区习俗制度和牧区社会文化在草场管理中依然发挥着重要作用。因此，关于市场机制与社区习俗制度的关系及其影响尚需要在不同社会文化背景下的牧区进行更多的实证研究。

其次，随着市场化的进程，牧民的社会生态系统面临着前所未有的变化，草场为牧民提供的服务呈多样化。根据我们近几年的调研发现，有些牧区的牧民开始减少牲畜和缩小畜牧业生产规模，而通过合作社等集体经济组织来参与生态旅游、手工艺品等其他的市场发展平台。因此，未来的研究需要更多地关注市场化进程对牧区草场管理制度变迁带来的影响以及不同的草场管理制度下，牧民参与市场的方式及程度的差异。

最后，本书主要针对草场流转与放牧配额管理的区别做了研究，然而对于放牧配额是否应该交易以及放牧配额交易的方式等方面，由于时间有限，本书未能做深入研究。另外，本书仅从市场与习俗的关系研究并讨论了放牧配额管理模式及其机制，但一个牧区在什么前提下会出现放牧配额管理以及放牧配额管理成功实施的条件等问题有待进一步深入的研究。

参考文献

[1] 保继刚，孙九霞. 旅游规划的社区参与研究——以阳朔遇龙河风景旅游区为例 [J]. 规划师，2003，19（7）：32-38.

[2] 保继刚，孙九霞. 社区参与旅游发展的中西差异 [J]. 地理学报，2006（4）：401-413.

[3] 曹建军. 青藏高原地区草地管理利用研究 [M]. 兰州：兰州大学出版社，2009.

[4] 陈德亮，徐柏青，姚檀栋，等. 青藏高原环境变化科学评估：过去、现在与未来 [J]. 科学通报，2015，60（32）：1-2，3025-3035.

[5] 陈巍，尹苗苗，蔡莉. 新创企业社会网络对知识获取影响的内在机理研究 [J]. 情报科学，2010（4）：616-619.

[6] 陈佐忠. 略论我国发展草原生态旅游的优势、问题与对策 [J]. 四川草原，2004（2）：42-45.

[7] 达林太，郑易生. 牧区与市场：牧民经济学 [M]. 北京：社会科学文献出版社，2010.

[8] 尕藏才旦，格桑本. 青藏高原游牧文化 [M]. 兰州：甘肃民族出版社，2000.

[9] 范明明. 干旱区草场生态补偿政策的跨尺度影响研究 [D]. 北京：北京大学，2015.

[10] 贡布泽仁，李文军. 草场管理中的市场机制与习俗制度的关系及其影响：青藏高原案例研究 [J]. 自然资源学报，2016，31（10）：1637-1647.

[11] 国务院. 中国共产党第十七届中央委员会第三次全体会议颁布《中共中央关于推进农村改革发展若干重大问题的决定》[R/OL].（2008-10-31）[2015-10-21]. http：//www. gov. cn/test/2008-10/31/content_ 1136796. htm.

[12] 国务院. 国务院关于促进牧区又好又快发展的若干意见 [R/OL].

（2011-08-09）［2015-07-30］. http：//www. gov. cn/zwgk/2011-08/09/content_ 1922237. htm.

［13］国务院.“十三五”促进民族地区和人口较少民族发展规划.［R/OL］.（2017-01-24）［2018-03-01］. http：//www. gov. cn/zhengce/content/2017-01/24/content_ 5162950. htm.

［14］海山. 蒙古族游牧文化中的环境道德及其现实意义［J］. 内蒙古农业大学学报（社会科学版），2012（5）：173-176.

［15］韩念勇. 草原的逻辑［M］. 北京：科学技术出版社，2011.

［16］韩念勇. 草原的逻辑：草原生态与牧民生计调研报告（续上）［M］. 北京：民族出版社，2018.

［17］贺爱琳，杨新军，陈佳，等. 乡村旅游发展对农户生计的影响——以秦岭北麓乡村旅游地为例［J］. 经济地理，2014，34（12）：174-181.

［18］侯向阳，尹燕亭，运向军，等. 北方草原牧户心理载畜率与草蓄平衡模式转移研究［J］. 中国草地学报，2013，35（1）：1-11.

［19］黄芳. 传统民居旅游开发中居民参与问题思考［J］. 旅游学刊，2002，17（5）：54.

［20］黄海云，陈莉平. 嵌入社会网络的企业集群结构及其优势［J］. 现代管理科学，2005（5）：70-71.

［21］赖玉佩，李文军. 草场流转对干旱半干旱地区草场生态和牧民生计影响研究——以呼伦贝尔市新巴二尔虎右旗M嘎查为例［J］. 资源科学. 2012，34（6）：1039-1048

［22］赖玉佩. 流转和合作对干旱半干旱区牧民获益能力影响的比较研究——草场承包政策背景下的草场资源整合路径比较［D］. 北京：北京大学，2012.

［23］李广宏. 社区居民参与民族村寨旅游开发的探讨［J］. 黑龙江民族丛刊，2007（4）：46-50.

［24］李澜. 巴音塔拉嘎查调查［M］. 北京：中国经济出版社，2010.

［25］李文军，张倩. 解读草原困境：对干旱半干旱草原利用和管理若干问题的认识［M］. 北京：经济科学出版社，2009.

［26］李星群. 乡村旅游经营实体创业影响因素研究［J］. 旅游学刊，2008，23（1）：19-25.

［27］刘国勇. 新疆羊肉价格持续波动上涨的成因及对策［J］. 农业现代化研究，2014，35（03）：313-316.

[28] 刘纬华. 关于社区参与旅游发展的若干理论思考 [J]. 旅游学刊, 2000, 15 (1): 47-52.

[29] 卢俊杰. 牧区草场使用制度对社区参与旅游的影响——以四川省若尔盖县为例 [D]. 成都: 西南财经大学, 2019.

[30] 吕君. 欠发达地区社区参与旅游发展的影响因素及系统分析 [J]. 世界地理研究, 2012, 21 (2): 118-128.

[31] 马茹. 内蒙古地区农牧民理财行为研究 [J]. 中国管理信息化, 2014, 17 (16): 97-98.

[32] 马艳霞. 我国西部民族地区农村剩余劳动力转移理论修正与路径问题研究 [D]. 成都: 西南财经大学, 2009.

[33] 毛培胜, 邵新庆, 杨富裕, 等. 我国草原生态旅游发展现状与问题浅析 [J]. 西南民族大学学报 (自然科学版), 2016, 42 (2): 127-130.

[34] 内蒙古自治区政府. 内蒙古自治区政府常务会议《关于引导农村土地、草场经营权有序流转、发展农牧业适度经营的实施意见》[EB/OL]. (2015-08-07)[2015-12-01]. http: //www. legaldaily. com. cn/locality/content/2015-05/13/content_ 6080773. htm

[35] 农业部. 2015 年全国草原监测报告 [J]. 中国畜牧业, 2016 (6): 19-35.

[36] 农业部. 2016 年全国草原监测报告 [J]. 中国畜牧业, 2017 (8): 18-35.

[37] 青海省人民政府. 青海省人民政府第 94 次常委会颁布的《青海省草原承包经营权流转办法》[R/OL]. (2012-01-05) [2015-08-30]. http: //zwgk. qh. gov. cn/zdgk/zwgkzfxxgkml/zfwj/201712/t20171222_ 17693. html.

[38] 史慧. 青海民族地区"失地"农牧民边缘化问题探析 [J]. 人力资源管理, 2012.

[39] 时少华. 社会资本、旅游参与意识对居民参与旅游的影响效应分析——以北京什刹海社区为例 [J]. 地域研究与开发, 2015, 34 (3): 101-106.

[40] 孙九霞, 保继刚. 社区参与的旅游人类学研究——以西双版纳傣族园为例 [J]. 广西民族大学学报 (哲学社会科学版), 2004, 26 (6): 128-136.

[41] 孙九霞. 社区参与旅游发展研究的理论透视 [J]. 广东技术师范学院学报, 2005 (5): 89-92.

[42] 谭小芬. 中国服务贸易竞争力的国际比较 [J]. 经济评论, 2003 (2): 52-55.

[83] 王瑞红, 陶犁. 社区参与旅游发展的形成及内涵 [J]. 曲靖师范学院学报, 2004, 23 (4): 42-47.

[43] 王晓毅. 从承包到“再集中”——中国北方草原环境保护政策分析[J]. 中国农村观察，2009 (3)：36-46.

[44] 王晓毅，张倩，荀丽丽. 非平衡、共有和地方性——草原管理的新思考 [M]. 北京：中国社会科学出版社，2010.

[45] 王晓毅，徐寅. 农村环境问题的若干思考——王晓毅研究员访谈录[J]. 河海大学学报（哲学社会科学版），2011，13 (2)：26-28.

[46] 王艳. 中国牧区扶贫开发问题研究 [D]. 长春：吉林大学，2014.

[47] 王咏，陆林. 基于社会交换理论的社区旅游支持度模型及应用——以黄山风景区门户社区为例 [J]. 地理学报，2014，69 (10)：1557-1574.

[48] 邬建国. 景观生态学：格局、过程尺度与等级 [M]. 北京：高等教育出版社，2007.

[49] 徐永祥. 试论我国社区社会工作的职业化与专业化 [J]. 华东理工大学学报（社会科学版），2000 (4)：56-60.

[50] 杨理. 中国草原治理的困境：从“公地的悲剧”到“围栏的陷阱”[J]. 中国软科学，2010 (1)：10-17.

[51] 杨振海，张富. 建设现代草原畜牧业 促进牧区又好又快发展 [J]. 中国畜牧业，2011 (22)：13-15.

[52] 杨智勇. 内蒙古生态旅游资源区划及其发展研究 [J]. 中国农业资源与区划，2016，37 (11)：205-213.

[53] 姚洋. 内蒙古草牧场承包经营权内部流转市场的问题研究 [D]. 呼和浩特：内蒙古农业大学，2009.

[54] 尹寿兵，刘云霞. 风景区毗邻社区居民旅游感知和态度的差异及机制研究——以黄山市汤口镇为例 [J]. 地理科学，2013，33 (4)：427-434.

[55] 于立，于左，徐斌. 三牧问题的成因与出路——兼论中国草场的资源整合 [J]. 农业经济问题，2009 (5)：78-88.

[56] 张澄澄. 干旱半干旱地区牧户适应气候变化的市场行为及其对草原社会生态环境的影响 [D]. 北京：北京大学，2014.

[57] 张倩，李文军. 分布型过牧：一个被忽视的内蒙古草原退化的原因[J]. 干旱区资源与环境，2008，22 (12)：8-16.

[58] 张倩. 牧民应对气候变化的社会脆弱性——以内蒙古荒漠草原的一个嘎查为例 [J]. 社会学研究，2011，26 (6)：171-245.

[59] 张宪洲，杨永平，朴世龙，等. 青藏高原生态变化 [J]. 科学通报，2015，60 (32)：3048-3056.

[60] 张引弟，孟慧君，塔娜. 牧区草地承包经营权流转及其对牧民生计的影响 [J]. 草地科学. 2010, 27 (5)：130-135.

[61] 张志民，张小民，延军平，等. 推行牧权交易 用市场机制实现以草定畜 [J]. 中国软科学，2007 (11)：83-89.

[62] 郑红. 浅谈现代畜牧业经营管理理念 [J]. 现代畜牧兽医，2010 (9)：12-13.

[63] 周旭英. 中国草地资源综合生产能力研究 [D]. 北京：中国农业科学院，2007.

[64] 祝平燕. 社会关系网络与政治社会资本的获得——论妇女参政的非正式社会支持系统 [J]. 湖北社会科学，2010 (2)：27-30.

[65] 朱亚丽. 基于社会网络视角的企业间知识转移影响因素实证研究 [D]. 杭州：浙江大学，2009.

[66] 卓玛措，蒋贵彦，张小红，等. 社会资本视角下青南高原藏区生态旅游发展的社区参与研究 [J]. 青海民族研究，2012，23 (4)：58-63.

[67] 左冰，保继刚. 从“社区参与”走向“社区增权”——西方“旅游增权”理论研究述评 [J]. 旅游学刊，2008 (4)：58-63.

[68] ADDISON J , BROWN C . A multi-scaled analysis of the effect of climate, commodity prices and risk on the livelihoods of Mongolian pastoralists [J]. Journal of Arid Environments, 2014 (109)：54-64.

[69] ADGER W N. Social capital, collective action, and adaptation to climate change [J]. Economic Geography, 2003, 79 (4), 387-404.

[70] ADGER W N. Vulnerability [J]. Global Environmental Change, 2006, 16 (3)：268-281.

[71] AGRAWAL A, YADAMA G. How do local institutions mediate market and population pressures on resources? Forest panchayats in Kumaon, India [J]. Development and Change, 1997 (28)：435-465.

[72] AGRAWAL A, GIBSON C. Communities and environment：ethnicity, gender, and the state in community-based conservation [M]. New Brunswick：Rutgers University Press, 2001.

[73] AGRAWAL A. Sustainable Governance of Common-pool Resources：Context, methods, and politics [J]. Sustainable Governance of Commons, 2003 (32)：62-243.

[74] ANDERSON C L , LOCKER L , NUGENT R . Microcredit, Social Capital,

and Common Pool Resources [J]. World Development, 2002, 30 (1): 95-105.

[75] BAIRD T D, GRAY C L. Livelihood diversification and shifting social networks of exchange: a social network transition? [J]. World Development, 2014 (60): 14-30.

[76] BAKER W. The social structure of a national securities market [J]. American Journal of Sociology, 1984 (89): 775-811.

[77] BAKER L E, HOFFMAN M T. Managing variability: herding strategies in communal rangelands of semiarid Namaqualand, South Africa [J]. Human Ecology, 2006 (34): 765-784.

[78] BANKS T. Property rights and the environment in pastoral china: evidence from the field [J]. Development and Change, 2001 (32): 717-740.

[79] BANKS T, RICHARD C, PING L, et al. Community-based grassland management in western China rationale, pilot project experience, and policy implications [J]. Mountain Research and Development, 2003, 23 (2): 132-141.

[80] BANKS T. Property rights reforms in rangeland China: Dilemmas on the road to the household ranch [J]. World Development. 2003, 31 (12): 2129-2142.

[81] BARRETT C B , LUSENO W K. Decomposing producer price risk: a policy analysis tool with an application to northern Kenyan livestock markets [J]. Food Policy, 2004, 29 (4): 393-405.

[82] BAUER K. Development and the enclosure movement in pastoral Tibet since the 1980s [J]. Nomadic Peoples, 2005, 9 (1-2): 53-81.

[83] BAUER K M. Common property and power: insights from a spatial analysis of historical and contemporary pasture boundaries among pastoralists in central Tibet [J]. Journal of Political Ecology, 2006, 13 (1): 24-47.

[84] BEDUNHA D J, HARRIS R B. Past, present &future: rangelands in China [J]. Rangelands Archives, 2002, 24 (4): 17-22.

[85] BEHNKE R. H, SCOONES I, KERVEN C. Range ecology at disequilibrium: new models of natural variability and pastoral adaptation in african savannas [M]. London: Overseas Development Institute, 1993.

[86] BEHNKE R H. The drivers of fragmentation in arid and semi-arid landscapes [M] // Galvin K A, Reid R S, Behnke R H, et al. Fragmentation in semi-arid and arid landscapes: consequences for human and natural systems. The Netherlands: Springer, 2008.

[87] BERKES F, C FOLKE. Linking social and ecological systems: management practices and social mechanisms for building resilience [M]. Cambridge : Cambridge University Press, 1998.

[88] BERKES F. Cross-scale institutional linkages: perspectives from the bottom up [M] // Elinor, Ostrom, Thomas Dietz, et al. The Drama of the Commons. Washington DC: National Academy Press, 2002: 293-322

[89] BERKES F, COLDING J, FOLKE. Navigating social-ecological systems: building resilience for complexity and change [M]. Cambridge: Cambridge University Press, 2002.

[90] BOURDIEU P, WACQUANT L J D. An invitation to reflexive sociology [M]. Chicago : University of Chicago Press, 1992.

[91] BOURDIEU P. Making the economic habitus: Algerian workers revisited [J]. Ethnography, 2000 (1): 17-41.

[92] BRISKE D D, FUHLENDORF S D, SMEINS F E. Vegetation dynamics on rangelands: a critique of the current paradigms [J]. Journal of Applied Ecology, 2003 (40): 601-614.

[93] BROWN C G, S A WALDRON, J W LONGWORTH. Sustainable development in Western China: managing people, livestock and grasslands in pastoral area [M]. Cheltenham: Edward Elgar Publishing, 2008.

[94] BURT R S. Structural Holes: The social structure of competition [M]. Cambridge MA: Harvard University Press, 1992.

[95] CAMILLE R, YAN Z L, DU G Z. The paradox of the individual household responsibility system in the grasslands of the Tibetan Plateau, China [J]. USDA Forest Service Proceedings, 2006, 39: 83-91.

[96] J CAO, N M HOLDEN, X T LU, et al. The effect of grazing management on plant species richness on the Qinghai-Tibetan Plateau [J]. Grass and Forage Science, 2011 (66): 333-336.

[97] CAO J J, YEH E T , HOLDEN N M , ET AL. The effects of enclosures and land-use contracts on rangeland degradation on the Qinghai-Tibetan Plateau [J]. Journal of Arid Environments, 2013 (97): 3-8.

[98] CATLEY A, LIND J, SCOONES I. Pastoralism and development in Africa: dynamic change at the margins [M]. London: Routledge, Taylor & Francis Group, 2012.

[99] CHOBOTOV A V. The role of market-based instruments for biodiversity conservation in Central and Eastern Europe [J]. Ecological Economics, 2013 (95): 41-50.

[100] CHRISTENSEN J H, HEWITSON B, BUSUCIOC A, et al. Climate change 2007——the physical science basis: working group I contribution to the fourth assessment report of the IPCC [M]. Cambridge : Cambridge University Press, 2007.

[101] CLARKE G E. Aspects of the social organization of the Tibetan pastoral communities [J]. Tibetan studies, 1992.

[102] COASE R. The problem of social cost [J]. The journal of Law and Economics, 1960, 3 (1): 1-44.

[103] COHEN, ANTHONY P. The symbolic construction of community [M]. London: Tavistock Publications, 1985.

[104] Collier S. The spatial forms and social norms of "actually existing neoliberalism": toward a substantive analytics [R]. New York: The New Shcool University, 2005.

[105] COMMON M, STAGL S. Ecological economics: an introduction [M]. Cambridge: Cambridge University Press, 2005.

[106] COSTANZA R, LOW B, OSTROM E, et al. Institutions, ecosystems, and sustainability [M]. Boca Raton: CRC Press, 2001.

[107] CUMMING G, CUMMING D H M, REDMAN C. Scale mismatches in social-ecological systems: causes, consequences, and solutions [J]. Ecology and Society, 2006, 11 (1): 14.

[108] DALY H, FARLEY J. Ecological economics: principles and applications [M]. London: Island Press, 2005: 165-192.

[109] DAVIES J, BENNETT R. Livelihood adaptation to risk: constraints and opportunities for pastoral development in Ethiopia's Afar region [J]. Routledge, 2007, 43 (3): 490-51.

[110] Devereux S. Livelihood insecurity and social protection: a re-emerging issue in rural development [J]. Development Policy Review, 2010, 19 (4): 507-519.

[111] DODDS R, ALI A, GALASKI K. Mobilizing knowledge: determining key elements for success and pitfalls in developing community-based tourism [J]. Current Issues in Tourism, 2016.

[112] DONG S, LASSOI J, SHRESTHA K K, et al. Institutional development

for sustainable rangeland resource and ecosystem management in mountainous areas of northern Nepal [J]. Journal of Environmental Management, 2009 (90): 994-1003.

[113] DORE R. Goodwill and the spirit of capitalism [J]. British Journal of Sociology, 1983 (34): 459-82.

[114] ELLIS J E, SWIFT D M. Stability of African pastoral ecosystems: alternate paradigms and implications for development [J]. Rangeland Ecology & Management/Journal of Range Management Archives, 1988, 41 (6): 450-459.

[115] FAN M, LI Y, LI W. Solving one problem by creating a bigger one: The consequences of ecological resettlement for grassland restoration and poverty alleviation in Northwestern China [J]. Land Use Policy, 2015 (42): 124-130.

[116] FERNANDEZ-GIMENEZ M E, ALLEN-DIAZ B. Testing non-equilibrium model of rangeland vegetation dynamics in Mongolia [J]. Journal of Applied Ecology, 1999 (36): 871-885.

[117] FERNANDEZ-GIMENEZ M E. Spatial and social boundaries and the paradox of pastoral land tenure: a case study from post-socialist Mongolia [J]. Human Ecology, 2002, 30 (1), 49-78.

[118] FERNANDEZ-GIMENEZ G M, X Y WANG, B BATKHISHIG, et al. Restoring community connections to the land: building resilience through community-based rangeland management in China and Mongolia [M]. Oxon: CAB International, 2011.

[119] FERNANDEZ-GIMENEZ G M, B BATKHISHIG, B BATBUYAN, et al. Lessons from the Dzud: community-based rangeland management increases the adaptive capacity of Mongolian herders to winter disasters [J]. World Development, 2015 (68): 48-65.

[120] FLIGSTEIN N. Markets as politics: a political-cultural approach to market institutions [J]. American sociological review, 1996 (61): 656-73.

[121] FOGGIN M J. Depopulating the Tibetan grasslands: national policies and perspectives for the future of Tibetan herders in Qinghai province, China [J]. Mountain Research and Development, 2008, 28 (1): 26-31.

[122] FOLKE C, PRITCHARD JR L, BERKES F, et al. The problem of fit between ecosystems and institutions: ten years later [J]. Ecology and Society, 2007, 12 (1): 1-38.

[123] FOSS N J. Networks, capabilities, and competitive advantage [J].

Scandinavian Journal of Management, 1999, 15 (1): 1-16.

[124] FREEMAN L C. The development of social network analysis: a study in the sociology of science [M]. Vancouver: Empirical Press, 2004.

[125] GALATY J. Land grabbing in the East African Rangelands [M] //Catley, A. et al. eds. Pastoralism and Development in Africa: Dynamics changes at the margins. New York: Routledge, 2013: 143-153.

[126] GALVIN KA, REID R S, BEHNKE R H, et al. Fragmentation in semi-arid and arid landscapes: Consequences for human and natural systems [M]. Dordrecht: Springer, 2008.

[127] GEALL S , SHEN W , GONGBUZEREN . Solar energy for poverty alleviation in China: State ambitions, bureaucratic interests, and local realities [J]. Energy Research & Social Science, 2018 (41): 238-248.

[128] GEOFFREY MANYARA, ELERI JONES. Community-based Tourism Enterprises Development in Kenya: An Exploration of Their Potential as Avenues of Poverty Reduction [J]. Journal of Sustainable Tourism, 2007, 15 (6): 628-644.

[129] GIDDENS A. The consequences of modernity [M]. Stanford: Polity Press, 1994.

[130] GOLDSTEIN M C, BEAL C M. The impacts of China's reform policy on nomadic pastoralists in western Tibet [J]. Asian Survey, 1989, 29 (6): 619-641.

[131] GOLDSTEIN M C, C M BEAL. Nomads of western Tibet: The survival o a way of life [M]. California: University of California Press, 1990.

[132] GONGBUZEREN Y, B LI, W J LI. China's Rangeland Management Policy Debates: What Have We learned? [J]. Rangeland Ecology & Management, 2015, 68 (4): 305-314.

[133] GONGBUZEREN, ZHUANG M, LI W . Market-based grazing land transfers and customary institutions in the management of rangelands: Two case studies on the Qinghai-Tibetan Plateau [J]. Land Use Policy, 2016 (57): 287-295.

[134] GONGBUZEREN, L HUNTSINGER, W J LI. Rebuilding pastoral social-ecological resilience on the Qinghai-Tibetan Plateau in response to changes in policy, economics and climate [J]. Ecology and Society, 2018, 23 (2): 21.

[135] GORE C. Entitlement relations and unruly social practice: a comment on the work of Amartya Sen [J]. Journal of Development Studies, 1993, 29 (3): 429-460.

[136] GRANOVETTER M. Getting a job: a study of contracts and careers

[M]. Cambridge: Harvard University Press, 1974.

[137] GRANOVETTER, M. Economic action and social structure: the problem of embeddedness [J]. American Journal of Sociology, 1985, 91: 481-510.

[138] GRANOVETTER M. The old and the new economic sociology: A history and an agenda [J]. Beyond the marketplace: Rethinking economy and society, 1990: 89-112.

[139] GRANOVETTER M, SWEDBERG R. The sociology of economic life [J]. Boulder: Colorado Westview Press, 1992.

[140] GTZ. Tourism residential models and alleviation of poverty. [J]. Managua: GTZ GermanCooperation, 2007.

[141] HARRIS R B, WENYING W, SMITH A T, et al. Herbivory and competition of Tibetan steppe vegetation in winter pasture: effects of livestock exclosure and plateau pika reduction [J]. PLOS ONE, 2015, 10 (7): 1-26.

[142] HARRIS R B, SAMBERG L H, YEH E T, et al. Rangeland responses to pastoralists' grazing management on a Tibetan steppe grassland, Qinghai Province, China [J]. The Rangeland Journal, 2016, 38 (1): 1-15.

[143] HAYEK F. The market order or catallaxy in law, legislation and liberty [M]. London: Routledge and Kegan Paul, 1976: 107-1132.

[144] HAYES J P . Environmental change, economic growth and local societies: "change in worlds" in the Songpan Region, 1800—2005 [D]. Vancouver : University of British Columbia, 2008.

[145] HEAL G M. Nature and the marketplace: capturing the value of ecosystem services [M]. New York: Island Press, 2000.

[146] HILHORST T . Women′s Land Rights : Current Developments in Sub-Saharan Africa [J]. Tqm Magazine, 2000, 19 (3): 454-467.

[147] HOBBS N T, REID R S, GALVIN K A, et al. Fragmentation of arid and semi-arid ecosystems: implications for people and animals [M] //Fragmentation in semi-arid and arid landscapes. Dordrecht: Springer, 2008: 25-44.

[148] HOLLING C S. From complex regions to complex worlds [J]. Minn. JL Sci. & Tech., 2005 (7): 1.

[149] HOPPING K A, KNAPP A K, DORJI T, et al. Warming and land use change concurrently erode ecosystem services in Tibet [J]. Global Change Biology, 2018, 24 (11): 5534-5548.

[150] HULME D. Impact Assessment Methodologies for Microfinance: Theory, Experience and Better Practice [J]. World Development, 2000, 28 (1): 79-98.

[151] ILLIUS A W, O' CONNOR T G. Resource heterogeneity and ungulate population dynamics [J]. Oikos, 2000 (89): 283-294.

[152] IORIO M, CORSALE A. Community-based tourism and networking: Viscri, Romania. [J]. Journal of Sustainable Tourism, 2014, 22 (2): 234-255.

[153] JONES S. COMMUNITY-BASED ECOTOURISM: The Significance of Social Capital [J]. Annals of Tourism Research, 2005, 32 (2): 303-324.

[154] KAMARA AB, SWALOW B, KIRK M. Policies, interventions and institutional change in patoral resource management in Borana, Southern Ethiopia [J]. Development Policy Review, 2004, 22 (4): 381-403.

[155] KE F, SHUNAI C, SHICHUAN W, et al. Application of transferable development rights in cultivated land protection in China [J]. China Population, Resources and Environment, 2008, 18 (2): 8-12.

[156] KERVEN C, SHANBAEV K, ALIMAEV I, et al. Livestock mobility and degradation in Kazakhstan's semi-arid rangelands [M] //The socio-economic causes and consequences of desertification in Central Asia. Dordrecht : Springer, 2008: 113-140.

[157] KLEIN J A, YEH E T, BUMP J K, et al. Coordinating environmental protection and climate change adaptation policy in resource-dependent communities: a case study from Tibetan Plateau [M] // Ford, J. D, Ford, L. B. climate change adaptation and developed nations. New York: Springer, 2011.

[158] KLEIN J A, HOPPING K A, YEH E T, et al. Unexpected climate impacts on the Tibetan Plateau: Local and scientific knowledge in findings of delayed summer [J]. Global Environmental Change, 2014 (28): 141-152.

[159] KRATLI S, N SCHAREIKA. Living Off Uncertainty: The Intelligent Animal Production of Dryland Pastoralists [J]. European Journal of Development Research, 2010, 22 (5): 605-622.

[160] KREUTZMANN H. Pastoral practices on the move-recent transformations in mountain pastoralism on the Tibetan Plateau [G] //Pastoralism and rangeland management on the Tibetan Plateau in the context of climate and global change. Berlin: Federal Ministry for Economic Cooperation and Development, 2011: 200-224.

[161] KRIPPNER G R. The elusive market: embeddedness and the paradigm of

economic sociology [J]. Theory and Society, 2001 (30): 775-810.

[162] LAKWO A. Microfinance, rural livelihoods, and women's empowerment in Uganda [M]. Leiden: Africal Studies Lentre, 2006.

[163] Leach M, Mearns R. Poverty and environment in developing countries: An overview study [M]. Institute of development studies at the University of Sussex, 1991.

[164] LEACH M, MEARNS R, Scoones I. Environmental entitlements: dynamics and institutions in community-based natural resource management [J]. World Development, 1999, 27 (2): 225-247.

[165] LEMOS M C, AGRAWAL A. Environmental governance, governance annual reviews environment resources [J]. Annual Reviews, School of Natural resources and Environment, University of Michigan, 2006: 298-303.

[166] LESOROGOL C K. Privatizing pastoral lands: economic and normative outcomes in Kenya [J]. World Development, 2005, 33 (11): 1959-1978.

[167] LI L, FASSNACHT F E, STORCH I, et al. Land-use regime shift triggered the recent degradation of alpine pastures in Nyanpo Yutse of the eastern Qinghai-Tibetan Plateau [J]. Landscape ecology, 2017, 32 (11): 2187-2203.

[168] Li W J, Saleem H A, Zhang Q. Property rights and grassland degradation: A study of the Xilingol Pasture, Inner Mongolia, China [J]. Journal of environmental management, 2007 (85): 461-470.

[169] LI W J, HUNTSINGER L. China's grassland contract policy and its impacts on herder ability to benefit in Inner Mongolia: tragic feedbacks [J]. Ecology and Society, 2011, 16 (2): 1.

[170] LI W, LI Y. Managing rangeland as a complex system: how government interventions decouple social systems from ecological systems [J]. Ecology and Society, 2012, 17 (1): 9-21.

[171] LIN N. Building a network theory of social capital [J]. Connections, 1999, 22.

[172] LIND J, BARRERO L R. Into the fold: what pastoral responses to crisis tell us about the future of pastoralism in the Horn [J]. Future Agricultures, 2014: 91.

[173] LIU J Y, QU H L, HUANG D Y, et al. The role of social capital in encouraging residents' pro-environmental behaviors in community-based ecotourism

[J]. Tourism Management, 2014 (41): 190-201.

[174] MACLEAD, MCIVOR. Reconciling economic and ecological conflicts for sustained management of grazing lands [J]. Ecological Economics, 2006 (56): 386-401.

[175] MARSHAL N A, Smajgl, A. Understanding variability in adaptive capacity on rangelands [J]. Rangeland Ecology and Management, 2013 (66): 88-94.

[176] McAllister, R. R. J., Gordon, I. J., Janssen, M. A., Abel, N. Pastoralists' responses to variation of rangeland resources in time and space [J]. Ecological Application, 2006, 16 (2), 572-583.

[177] MCCABE J T. Cattle bring us to our enemies: Turkana ecology, history and raiding in a disequilibrium system [M]. Michigan: University of Michigan Press, 2004.

[178] MCCARTHY N. An economic analysis of the effects of production risk on the use and management of common pool rangelands [R]. International livestock research institution and international food policy research institute, Addis Ababa, Ethiopia, 1998.

[179] MCCAY J B, S JENTOFT. Market or community failure? Critical perspectives on common property research [J]. Human Organization. 1998, 57 (1): 21-29.

[180] MCINTYRE S, MCIVOR J G, HEARD K M. Managing and conserving grassy woodlands [M]. Melbourne: CSIRO publishing, 2002.

[181] MCPEAK J G, BARRETT C B. Differential risk exposure and stochastic poverty traps among East African pastoralists [J]. American Journal of Agricultural Economics, 2001, 83 (3): 674-679.

[182] MEARNS R. Institutions and natural resource management: access to and control over woodfuel in East Africa [J]. People and environment in Africa, 1995: 103-114.

[183] MEARNS R. Environmental entitlements: Towards empowerment for sustainable development [M] //Singh N. and Titi V. (Eds.), Empowerment: Towards Sustainable Development. London: Zed Books, 1995: 37-53.

[184] MIEHE G, S MIEHE, K KAISER, et al. How old is pastoralism in Tibet? An ecological approach to the making of a Tibetan landscape [J]. Palaeogeography, Palaeoclimatology, Palaeoecology, 2009, 276 (1-4): 130-147.

[185] MILLER D. The importance of China's nomads [J]. Rangelands Archives, 2002, 24 (1): 22-24.

[186] MOHAMMED N A. The Role of Microfinance in Strengthening Pastoral HouseholdFood Security A Comparative Study between Beneficiaries and Non-Beneficiaries of Microfinance Services in Dollo Ado and Filtu Districts of Somali Region [D]. Addis Ababa University, 2006.

[187] MWANGI E. Institutional change and politics: the transformation of property rights in Kenya's Maasailand [D]. Bloomington: School of Public and Environmental Affairs and Department of Political Science, Indiana University, 2003.

[188] MWANGI E. Subdividing the Commons: Distributional Conflict in the Transition from Collective to Individual Property Rights in Kenya's Maasailand [J]. World Development, 2007, 35 (5): 815-834.

[189] NAULT S, STAPLETON P. The community participation process in ecotourism development: a case study of the community of Sogoog, Bayan-Ulgii, Mongolia. [J]. Journal of Sustainable Tourism, 2011, 19 (6): 695-712.

[190] NEE V. The new institutionalisms in economics and sociology. In the: Smelser, N. J. and Swedberg, R. The handbook of economic sociology [M]. 2th ed. Princeton: Princeton University Press, 2005.

[191] NEWMAN L, DALE A. Network structure, diversity, and proactive resilience building: a response to Tompkins and Adger [J]. Ecology and Society, 2005, 10 (1): 2-5.

[192] NI J. A simulation of biomes on the Tibetan Plateau and their responses to global climate change [J]. Mountain Research and Development, 2003, 20 (1): 80-90.

[193] NORTH, DOUGLASS C. The path of institutional change [M]. North, DC (Hrsg.), Institutions, Institutional Change and Economic Performance, 1990 (11): 92-104.

[194] OBA G, KAITIRA L M. Herder knowledge of landscape assessment in arid rangelands in northern Tanzania [J]. Journal of Arid Environment, 2006, 66: 168-186.

[195] OLSSON P, FOLKE C. Local ecological knowledge and institutional dynamics for ecosystem management: A study of Lake Racken Watershed, Sweden [J]. Ecosystems, 2001 (4): 85-104.

[196] OSTROM E. Governing the commons [M]. Cambridge: Cambridge University Press, 1990.

[197] OSTROM E. Understanding institutional diversity [M]. Princeton: Princeton University Press, 2005.

[198] OSTROM E. A diagnostic approach for going beyond panaceas [J]. Proceedings of the national Academy of sciences, 2007, 104 (39): 15181-15187.

[199] OSTROM E, MWANGI E. Common pool resources and rangelands. In: People and policy in Rangeland Management-a Glossary of key concepts [M]. Beijing: Science in China Press, 2008: 160-168.

[200] OSTROM E. A general framework for analyzing sustainability of social-ecological systems [J]. Science, 2009 (325): 419-422.

[201] OSTROM E. Beyond markets and states: polycentric governance of complex economic systems [J]. American economic review, 2010, 100 (3): 641-72.

[202] OTERO M , RHYNE E . The new world of microenterprise finance: building healthy financial institutions for the poor [J]. Small Business Economics, 1994 (6): 479-482.

[203] PIETERSE J N. Globalization and Collective Action [M]. Globalization and Social Movements, 2001.

[204] PLUMMER R, J E FITZGIBBON. People matter: the importance of social capital in the co-management of natural resources [J]. Natural Resource Forum, 2006 (30): 51-62.

[205] POLANYI K. The Great Transformation [M]. Boston: Beacon, 1957.

[206] QUAAS M F, S BAUMG ARTNER, C BECKER, et al. Uncertainty and sustainability in the management of rangelands [J]. Ecological Economics, 2007, 62 (2): 251-266.

[207] REESON A F, J G TISDELL, R R J. McAllister. Trust, reputation and relationships in grazing rights markets: an experimental economic study [J]. Ecological Economics, 2011 (70): 651-658.

[208] RIBOT J C. Theorizing access: forest profits along Senegal′s charcoal commodity chain [J]. Development and Change, 1998, 29 (2): 307-341.

[209] RINZIN THARGYAL, HUBER T. Nomads of eastern Tibet: social organization and economy of a pastoral estate in the Kingdom of Dege [M]. Leiden: BRILL, 2007.

[210] ROBA H G, OBA G. Community participatory landscape classification and biodiversity assessment and monitoring of grazing lands in northern Kenya [J]. Journal of Environmental Management, 2009 (90): 673-682.

[211] RUDDLE K. External forces and change in traditional community-based fishery management systems in the Asia-Pacific Region [J]. Maritime Anthropological Studies, 1993, 6 (1/2): 1-37.

[212] SAHLINS M. Culture and practical reason [M]. Chicago: University of Chicago Press, 1976.

[213] SCOONES I. Living with uncertainty: new directions in pastoral development in Africa [M]. London: Intermediate Technology Publications, 1994.

[214] SCOONES I. Sustainable rural livelihoods: a framework for analysis [J]. Institute of Development Studies, 1998 (22): 1-22.

[215] SCOONES I. Sustainable livelihoods and rural development: Agrarian change & peasant studies [M]. Nova Scotia: Fernwood Publishing, 2015.

[216] SEBELE L S. Community-based tourism ventures, benefits and challenges: Khama Rhino Sanctuary Trust, Central District, Botswana [J]. Tourism Management, 2010, 31 (1): 136-146.

[217] SELZNICK P. The moral commonwealth, social theory and the promise of community [M]. Berkeley: University of California Press, 1992.

[218] SEN A. Poverty and Famines: an essay on entitlement and deprivation [M]. Oxford: Oxford University Press, 1981.

[219] SHEEHY D P, D MILLER, D A JOHNSON. Transformation of traditional pastoral livestock systems on the Tibetan steppe [J]. SECHERESSE, 2006, 17 (1-2): 142-151.

[220] SINGER J W. Entitlement: the paradoxes of property [M]. New Haven: Yale University Press, 2000.

[221] SINGLETON S, M TAYLOR. Common property, collective action and community [J]. Journal of Theoretical Politics, 1992, 4 (3): 309-324.

[222] SMELSER N J, SWEDBERG R. The handbook of economic sociology [M]. 2th ed. Princeton: Princeton University Press, 2005.

[223] SNEATH D. The "age of the market" and the regime of debt: The role of credit in the transformation of pastoral Mongolia 1 [J]. Social Anthropology, 2012, 20 (4): 458-473.

[224] SWEDBERG R. Principles of economic sociology [M]. Princeton: Princeton University Press, 2003.

[225] SWIFT J. Dynamic ecological systems and the administration of pastoral development [M] //Living with uncertainty: New directions in pastoral development in Africa. London: Intermediate Technology Publications Ltd, 1995: 4-23.

[226] SWIFT J. Institutionalizing pastoral risk management in Mongolia: lessons learned [R]. Rowe: Rural Institutions and Participation Service. Food and Agriculture Organization of United Nations, 2007.

[227] TIMOTHY D J. Participatory planningA view of tourism in Indonesia [J]. Annals of tourism research, 1999, 26 (2): 371-391.

[228] TOMPKINS EL, W N ADGER. Does adaptive management of natural resource enhance resilience to climate change? [J]. Ecology and Society, 2004 (9): 10.

[229] TOSUN C. Towards a Typology of Community Participation in the Tourism Development Process [J]. Anatolia, 1999, 10 (2): 113-134.

[230] TOSUN C. Limits to community participation in the tourism development process in Developing Countries. [J]. Tourism Management, 2000, 21 (6): 613-633.

[231] TOSUN C. Expected nature of community participation in tourism development [J]. Tourism Management, 2006, 27 (3): 493-504.

[232] TURNER M D. Conflict, environmental change, social institutions in dryland Africa: Limitations of the community resource management approach [J]. Society and Natural resources, 1999 (12): 643-657.

[233] TURNER M D, Williams T O. Livestock market dynamics and local vulnerabilities in the Sahel [J]. World development, 2002, 30 (4): 683-705.

[234] TURNER M D, P HIERNAUX, E SCHLECHT. The Distribution of Grazing Pressure in Relation to Vegetation Resources in Semi-arid West Africa: The Role of Herding [J]. Ecosystems, 2005, 8 (6): 668-681.

[235] TURNER M D The new pastoral development paradigm: engaging the realities of property institutions and livestock mobility in dryland Africa [J]. Society and Natural Resources, 2011, 24: 469-484.

[236] UZZI B. Social structure and competition in Interfirm Networks: the paradox of embeddedness [J]. Administrative Science Quarterly, 1997 (42): 35-67.

[237] VAN OLDENBORGH, NICHOLLS N, EASTERLING D, et al. Changes

in climate extremes and their impacts on the natural physical environment [M] // Managing the risks of extreme events and disasters to advance climate change adaptation: Special report of the Intergovernmental Panel on Climate Change. Cambridge : Cambridge University Press, 2013: 109-230.

[238] VOLLIER, DAVID. Silent Theft: The Private Plunder of Our Common Wealth [M]. New York: Routledge, 2002.

[239] WANG X Y. Pastoral communities under environmental pressure: case studies of six villages in Inner Mongolia [J]. Social Sciences Academy Press, Beijing (in Chinese), 2009.

[240] WANG X Y, FERN ANDEZGIM ENEZ M E, et al. The market, the state and the environment: implications for community-based rangeland management [M] //Restoring community connections to the land: building resilience through community-based rangeland management in China and Mongolia. Nomadic Peoples , 2012: 209.

[241] WANG Y, WANG J, LI S, et al. Vulnerability of the Tibetan pastoral systems to climate and global change [J]. Ecology and Society, 2014, 19 (4): 8-37.

[242] WANG J, WANG Y, LI S, et al. Climate adaptation, institutional change, and sustainable livelihoods of herder communities in northern Tibet [J]. Ecology and Society, 2016, 21 (1).

[243] WATTS D J. The new science of networks [J]. Annual Review of Sociology, 2004, 30 (1): 243-270.

[244] WEBER M. Economy and society: an outline of interpretive sociology [M]. Berkeley and Los Angeles: University of California Press, 1978.

[245] WHITE H. Identity and control: a structural theory of social action [M]. Princeton : Princeton University Press, 1992.

[246] WILKINSON K P. The community in rural America [M]. New York: Greenwood Press, 1991.

[247] WILLIAMS D M. Beyond Great Walls: Environment, identity, and development on the Chinese Grasslands of Inner Mongolia [D]. Palo Alto: Stanford University Press, 2002.

[248] WOOLCOK M. Microenterprise and social capital: a framework for theory, research and policy [J]. Journal of Social Economics, 2001 (30): 193-198.

[249] WORLD BANK. Mongolia-country economic memorandum: priorities in

macroeconomic management Report no. 13612-MOG [M]. Oxford : Oxford University Press, 1994.

[250] WORLD BANK. World development report 1997: The state in a changing world [M]. Oxford: Oxford University Press, 1997.

[251] WU S, YIN Y, ZHENG D, et al. Climatic trends over the Tibetan Plateau during 1971—2000 [J]. Journal of Geographical Sciences, 2007, 17 (2): 141-151.

[252] WU J, LI H. Perspectives and methods of scaling [M] // Wuj, Jones K B, Li H, et al. Scalng and unceraintity analysis in ecology: methods and applications. Dordrechit: Springer, 2006.

[253] YAN WU N. Rangeland privatization and its impacts on the Zoige wetlands on the Eastern Tibetan Plateau [J]. Journal of Mountain Science, 2005 (2): 105-115.

[254] YAN Z L. WU N, YEHSI DORJI, et al. A review of rangeland privatization and its implication on the Tibetan Plateau, China [J]. Nomadic Peoples, 2005, 9 (1): 31-52.

[255] YEH E T. Tibetan pastoralism in neoliberalising China: continuity and change in Gouli [J]. Area, 2010, 43 (2): 165-172.

[256] YEH E T, NYIMA Y, HOPPING K A, et al. Tibetan pastoralists' vulnerability to climate change: a political ecology analysis of snowstorm coping capacity [J]. Human Ecology, 2014, 42 (1): 61-74.

[257] YOUNG O R. The institutional dimensions of environmental change: fit, interplay, and scale [M]. Cambrige: MIT Press, 2002.

[258] YOUNG O. Vertical interplay among scale-dependent environmental and resource regimes [J]. Ecology and Society, 2006, 11 (1): 27.

[259] ZHOU H, ZHAO X, TANG Y, et al. Alpine grassland degradation and its control in the source region of the Yangtze and Yellow Rivers, China [J]. Grassland Science, 2005, 51(3): 191-203.

macroeconomic management. Report no. 13012-MOG [M]. Oxford: Oxford University Press, 1994.

[250] WORLD BANK. World development report 1997: The state in a changing world [R]. Oxford: Oxford University Press, 1997.

[251] WU S H, YIN Y H, ZHENG D, et al. Climatic trends over the Tibetan Plateau during 1971–2000 [J]. Journal of Geographical Sciences, 2007, 17(2): 141-151.

[252] WU J, LI H. Concepts of scale and scaling [M]// WU J, JONES K B, LI H, et al. Scaling and uncertainty analysis in ecology: methods and applications. Dordrecht: Springer, 2006.

[253] YAN Z, WU N. Rangeland privatization and its impacts on the Zoige wetlands on the Eastern Tibetan Plateau [J]. Journal of Mountain Science, 2005, 2(2): 105-115.

[254] YAN Z L, WU N, YESHI D, et al. A review of rangeland privatisation and its implications on the Tibetan Plateau, China [J]. Nomadic Peoples, 2005, 9(1): 31-52.

[255] YEH E T. Tibetan pastoralism in neoliberalising China: continuity and change in Gouli [J]. Area, 2010, 42(2): 165-172.

[256] YEH E T, NYIMA Y, HOPPING K A, et al. Tibetan pastoralists' vulnerability to climate change: a political ecology analysis of snowstorm coping capacity [J]. Human Ecology, 2014, 42(1): 61-74.

[257] YOUNG O R. The institutional dimensions of environmental change: fit, interplay, and scale [M]. Cambridge: MIT Press, 2002.

[258] YOUNG O. Vertical interplay among scale-dependent environmental and resource regimes [J]. Ecology and Society, 2006, 11(1): 27.

[259] ZHOU H, ZHAO X, TANG Y, et al. Alpine grassland degradation and its control in the source region of the Yangtze and Yellow Rivers, China [J]. Grassland Science, 2005, 51(3): 191-203.